Expedition Wissen

Erde

Expedition Wissen

Erde

Ravensburger Buchverlag

Inhalt

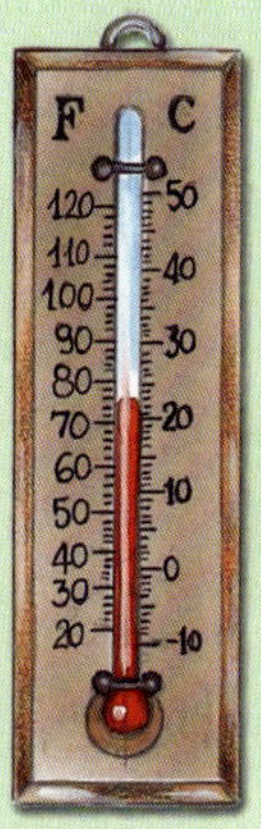
F
C

Hier geht's weiter! Komm mit ins Buch!

Zu diesem Buch

Comic
- Lustige Bildergeschichten mit Pfiff vertiefen wichtige Informationen

Mineralien und Edelsteine

Im Erdboden gibt es viele Stoffe, die wir Menschen in ganz unterschiedlicher Weise nutzen. So würzen wir zum Beispiel unser Essen mit Steinsalz oder heizen mit Erdöl. Wir nennen solche Stoffe Bodenschätze.

Mineralien

Wichtige Bodenschätze sind auch die Mineralien. Aus ihnen bestehen alle Gesteine. Wir kennen etwa 2500 Mineralien. Rund 10 davon bilden 90 Prozent der Erdkruste.

Wertvolle Erze

Einige Gesteine enthalten Metalle wie Gold oder Silber. Diese sogenannten Erze zählen zu den wertvollsten Mineralien. Um das Metall zu gewinnen, werden die Erze in Bergwerken abgebaut. Durch Erhitzen wird das Metall herausgelöst.

Auf Goldsuche

In goldhaltigen Flüssen gewinnt man Gold einfach durch „Goldwaschen". Man füllt goldhaltigen Flusssand in eine runde Schale, die unten eine kleine Mulde hat. Die Schale schwenkt man unter einem leichten Wasserstrom hin und her. Dadurch wird der leichtere Sand weggeschwemmt, und die schwereren Goldteilchen sammeln sich in der Mulde.

Reinhold Messner (geboren 1944)
- ▶ italienischer Bergsteiger und Abenteurer
- ▶ war auf allen 14 Achttausendern der Welt

Goldrausch: Wird eine Fundstelle bekannt, strömen viele Goldsucher dorthin.

Steckbriefe und Biografien
- Stichwortartig zusammengefasste Daten und Fakten

Verschiedene Textsorten
- Zeitungsartikel, Briefe, Postkarten, Tagebucheinträge oder Listen

Was Edelsteine edel macht

Manche Mineralien sind so hart, dass man sie schneiden, schleifen, polieren und zu Schmuck verarbeiten kann. Von allen Mineralien gelten nur etwa 70 als Edelsteine. Edelsteine bestechen durch ihre schöne Farbe, ihre reine Struktur und ihr Funkeln, da sie das einfallende Licht brechen. Das machte sich auch der römische Kaiser Nero zunutze, der angeblich einen Smaragd als „Sonnenbrille" trug!

Aus dem Tagebuch eines Goldsuchers

Kaum zu glauben

Vor etwa 2000 Jahren, als es noch keine Brillen gab, behalfen sich die Reichen und Mächtigen mit geschliffenen Edelsteinen als Sehhilfe.

Was ist schwarzes Gold? ➡ Seite 42/43
Welche Bewegungen macht die Erde? ➡ Seite 24/25

Knack den Code!

7. Wie sagt man, wenn Gestein durch Wind oder Wellen abgetragen wird? (3. Buchstabe)

Lies mal weiter!
Seite 10, 38, 42
www.expedition.wissen.de
Mineralien

Du entscheidest selbst!
- Was interessiert dich am meisten?
- Auf welcher Seite willst du weiterlesen?

Knack den Code!
- Spannende Rätselfragen
- Fragen sind durchnummeriert, diese Nummern finden sich auf der Schatzkarte auf Seite 72 wieder
- In Klammern angegebene Buchstaben merken
- Lösungsbuchstaben werden auf der Schatzkarte eingetragen: Gewinnspiel
- Gewinnmöglichkeit auch im Internet (mehr dazu auf Seite 80)

Lies mal weiter!
- Link zur Homepage www.expedition.wissen.de
- Suchbegriff im weißen Feld für Eingabe auf Homepage
- Verweis auf weiterführende Seiten im Buch

Kaum zu glauben
- Informative Fakten, die unterhalten und verblüffen

Die Erde im Wandel

Wer sich mit der Erde beschäftigt, begreift schnell, dass es dabei immer um gigantische Größenordnungen geht: um Jahrmillionen, um unvorstellbare Entfernungen, um Kräfte, die ganze Kontinente verschieben. Viele unserer Vorstellungen beruhen auf Annahmen, die man nicht vollständig überprüfen kann: Denn es gibt ja keine Zeitzeugen bei der Entstehung der Erde oder der ersten Lebewesen. Aber diese Erklärungen helfen uns zu verstehen, wie die Erde und das Leben „funktioniert". Und wie sich alles ständig wandelt.

Das Leben beginnt

Knack den Code!

1. Wodurch entstand das Universum?
(2. Buchstabe)

Vor 15 Milliarden Jahren gab es eine unvorstellbar mächtige Explosion, den Urknall. Das ist die Meinung der meisten Wissenschaftler. Irgendwie und irgendwann hat es einmal angefangen.

Aus Staub wurden Sterne

Nach dem Urknall trieb eine riesige Wolke aus Gas und Staubteilchen durch das All. Neue gigantische Explosionen brachten die Teilchen der Wolke in Bewegung. Sie zogen sich zusammen. Dabei erwärmte sich die Wolke, und in der Mitte der Wolke verschmolzen die Staubteilchen. Es entstanden Klumpen aus fester Materie und schließlich die ersten Sterne. Zu ihnen gehörte auch unsere Sonne. Sie entstand rund 10 Milliarden Jahre nach dem Urknall. Um die glühende Sonnenkugel herum wirbelte zunächst noch eine riesige Staubscheibe.

Unser Sonnensystem

Aus der die Sonne umkreisenden Staubscheibe bildeten sich allmählich die Planeten und Monde des Sonnensystems heraus. Wegen der großen Anziehungskraft der Sonne umkreisen sie diese auf festen Bahnen.

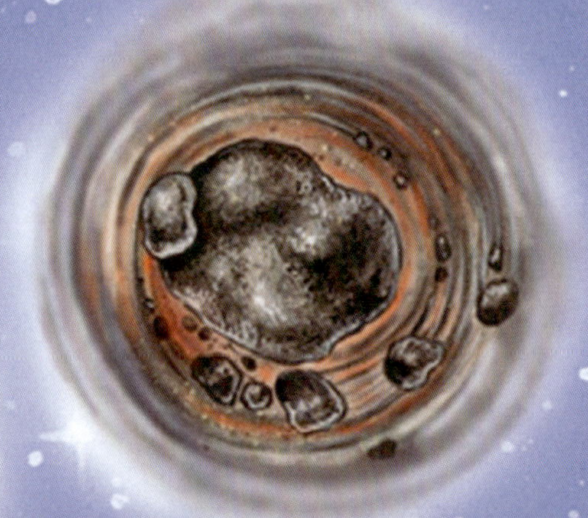

Aus Staubteilchen wurden Kugeln aus glühender Materie.

Eine gigantische Wolke aus Gas und Staub schwebte durch den Weltraum.

Mit dem Urknall fing vor 15 Milliarden Jahren alles an.

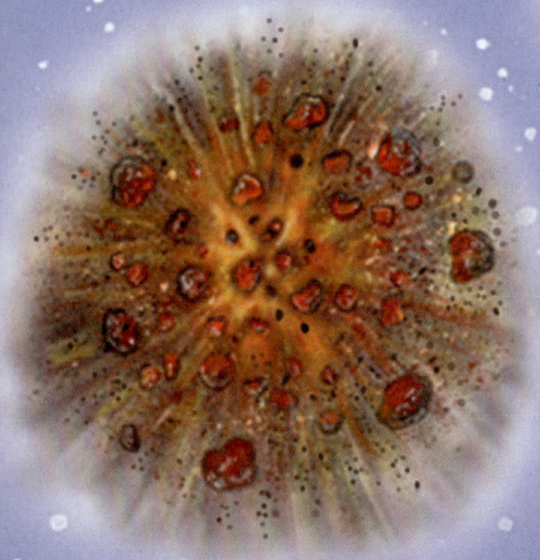

Aus Klumpen fester Materie bildeten sich die Sterne und später die Planeten.

Die Erde nimmt Gestalt an

Auch die Erde war anfangs ein glühend heißer Ball und kühlte nur langsam ab. Die Erdoberfläche erstarrte zu Krustenplatten. Aus der Kruste stiegen Gase empor und bildeten eine wolkenreiche Hülle um die Erde: die Atmosphäre. Regen füllte die Meere. Pflanzen begannen Sauerstoff herzustellen, den wir zum Leben brauchen.

Erste Lebewesen

Die ersten Lebewesen waren Einzeller. Es gibt sie noch heute, zum Beispiel als Bakterien. Im Meer entwickelten sich erste Pflanzen wie Algen. Vor 200 Millionen Jahren erschienen die Saurier. Nach ihrem Aussterben gab es genügend Lebensraum für Säugetiere und Vögel.

Erdfrühzeit (Präkambrium)
vor 4000–570 Millionen Jahren:

Bakterien und Algen entstehen.

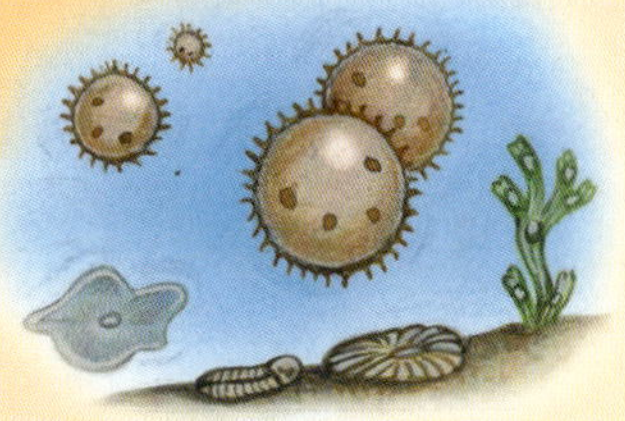

Bakterien und Algen

Erdaltertum (Paläozoikum)
vor 570–250 Millionen Jahren:

Erste Weichtiere, Wirbeltiere und Insekten erscheinen. Auf dem sumpfigen Land wachsen Farne. Amphibien wechseln vom Wasser auf das Land und entwickeln sich zu Reptilien.

Reptilien und Insekten

Erdmittelalter (Mesozoikum)
vor 250–65 Millionen Jahren:

Die ersten Säugetiere und Saurier leben auf der Erde. Ammoniten leben im warmen Meer. Auf der Erde herrscht tropisches Klima. Die Saurier sterben aus.

Dinosaurier

Erdneuzeit (Neozoikum)
vor 65 Millionen Jahren bis heute:

Vögel und Säugetiere entwickeln sich weiter. Nadel- und Laubbäume breiten sich aus. Affen tauchen auf. Eiszeiten beherrschen die Erde. Vor etwa 4 Millionen Jahren taucht der erste Mensch auf (der Australopithecus).

Mammuts

Lies mal weiter!
Seite 16, 17, 52
www.expedition.wissen.de
Erdzeitalter

Die ersten Menschen

Charles Robert Darwin (1809–1882)
- englischer Naturforscher
- machte seine Studien auf einer Weltreise von 1831 bis 1836
- Begründer der Evolutionstheorie

Unter den vielen Säugetieren, die sich in den Jahrmillionen nach dem Verschwinden der Saurier entwickelten, waren auch kleine Insektenjäger. Diese affenähnlichen Wesen lebten auf Bäumen und gelten als Vorfahren der Affen und des Menschen.

Unsere Vorfahren

Vor etwa sieben Millionen Jahren entwickelten sich Menschen und Affen in unterschiedliche Richtungen weiter. Wir stammen also nicht vom Affen ab, sondern wir haben gemeinsame Vorfahren. Die Ahnenreihe des modernen Menschen lässt sich bis auf den Australopithecus zurückverfolgen, der bereits aufrecht ging. Der Homo habilis stellte schon einfache Steingeräte her. Sein Nachfolger, der Homo erectus, machte Feuer, stellte Faustkeile her, baute Hütten und jagte Elefanten.

Die Wiege der Menschheit

Vor 300 000 Jahren betrat der Homo sapiens die Erde. Er fertigte Werkzeuge an und bestattete seine Toten. Erste Spuren des Homo sapiens sapiens, zu dem auch wir heutigen Menschen gehören, fanden Archäologen in Afrika. Die Wiege des Menschen lag vermutlich vor über 90 000 Jahren im Grasland Ostafrikas.

Es war ein langer Weg bis zum „wirklich vernunftbegabten Menschen".

Der Australopithecus, der älteste Vorfahre des Menschen, lebte vor 2 bis 3 Millionen Jahren.

Vor etwa 2 Millionen Jahren: Homo habilis („geschickter Mensch")

Der Homo erectus („aufgerichteter Mensch") lebte vor etwa 1,5 Millionen Jahren oder noch früher.

Homo sapiens („vernunftbegabter Mensch") erschien vor etwa 300 000 Jahren.

Aus dem Tagebuch Darwins

Knack den Code!

2. Wie nennt man die Theorie von der Entstehung und Anpassung der Arten?
(1. Buchstabe)

Was ist Evolution?

Der Engländer Charles Darwin ging davon aus, dass nur erfolgreiche Tier- und Pflanzenarten überleben. Erfolgreich ist, wer sich am besten an seinen Lebensraum anpasst. Diese Auslese ist ein Teil seiner Evolutionstheorie. Danach entstehen neue Arten, indem sie sich immer besser an ihre Umgebung anpassen. Viele Ideen für seine Theorie fand Darwin auf den Galapagosinseln. Diese Inseln liegen etwa 1000 Kilometer vor der Westküste Südamerikas. Er besuchte sie an Bord des Segelschiffs „Beagle".

Der Homo sapiens sapiens („wirklich vernunftbegabter Mensch") ist unser direkter Vorfahre.

Lies mal weiter!
Seite 38, 46, 60
www.expedition.wissen.de
Evolution

Wandernde Kontinente

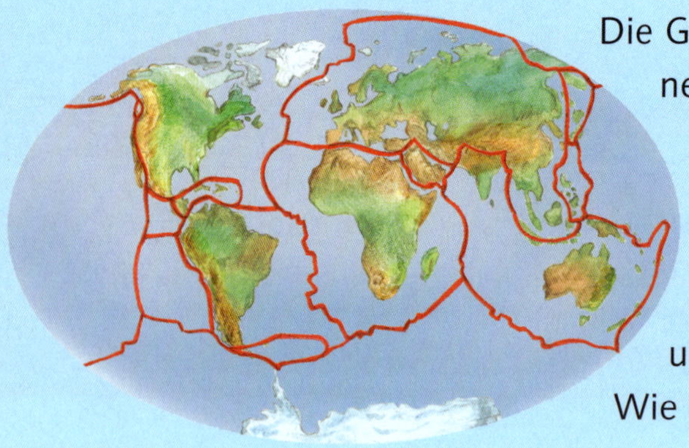

Die Linien zeigen die Platten der Erdkruste.

Die Grenzen der Kontinente sahen nicht immer so aus wie heute. Und sie verändern sich immer noch, wenn auch unendlich langsam. Wie kommt das?

Über 20 Platten

Nach der Theorie der Plattentektonik ist die Erdkruste in über 20 Platten unterteilt. Die Platten können sich auf der zähflüssigen Gesteinsmasse des oberen Erdmantels horizontal bewegen.

Berge, Beben und Vulkane

Diese Kontinentalverschiebung bewirkt Gewaltiges. Bewegen sich Krustenplatten voneinander weg, entstehen dazwischen große Lücken oder Gräben. Das Rote Meer liegt zum Beispiel in solch einem Graben. Wenn Platten zusammenstoßen, drücken sie Landmassen empor und es bilden sich Gebirge. Wo Plattenränder in den Erdmantel abtauchen, wird Magma aus den Tiefen emporgefördert und Vulkane können ausbrechen. Wenn zwei Platten aneinander vorbeischrammen, kommt es zu Erdbeben.

Die Plattenbewegungen sind für viele gewaltige geografische Ereignisse verantwortlich.

Kontinente im Wandel

Ursprünglich bildete die gesamte Landmasse der Erde den Riesenkontinent Pangäa. Vor etwa 200 Millionen Jahren teilte sich dieser in Gondwana und Laurasia. Später brach Gondwana in Afrika und Südamerika auseinander. Man kann auf einer Weltkarte noch erkennen, dass die beiden Kontinente wie zwei Puzzleteile zusammenpassen. Auch Laurasia teilte sich – es entstanden Nordamerika, Europa und Asien. Die Kontinente bewegen sich noch immer um einige Zentimeter im Jahr. So werden sich in etwa 65 Millionen Jahren Nord- und Südamerika voneinander trennen und auf Asien zudriften.

Der San-Andreas-Graben

- Diese Erdspalte ist ungefähr 1000 km lang.
- Sie bildet die Grenze zwischen der Nordamerikanischen und der Pazifischen Platte.
- Da sich die Platten gegeneinander verschieben, bauen sich Spannungen auf.
- Wenn diese sich ruckartig entladen, kommt es zu Erdbeben.
- Am 18. April 1906 wurde San Francisco von einem schweren Erdbeben heimgesucht.

Pangäa kann man zusammenpuzzeln!

Wie entstehen Gebirge?
➡ Seite 36/37
Wie „funktioniert" ein Vulkan?
➡ Seite 18/19

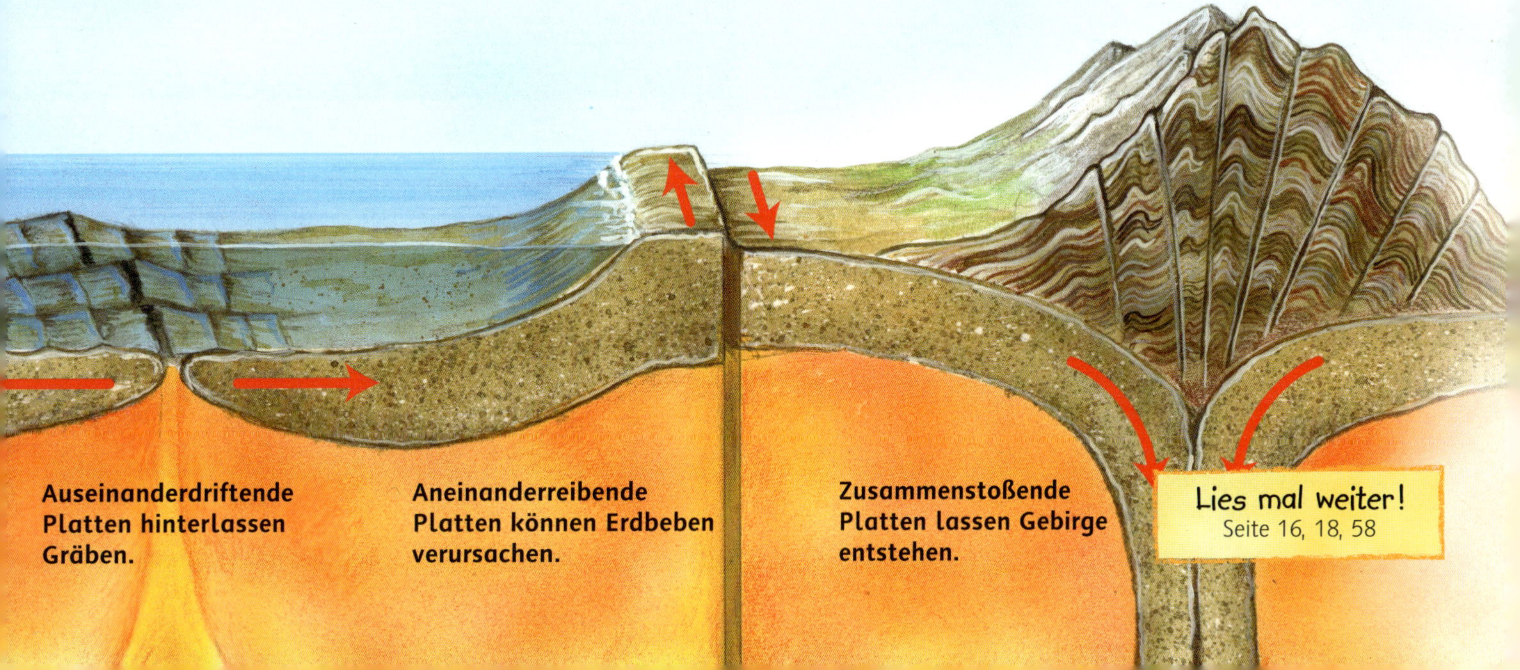

Lies mal weiter!
Seite 16, 18, 58

Die Erde bebt

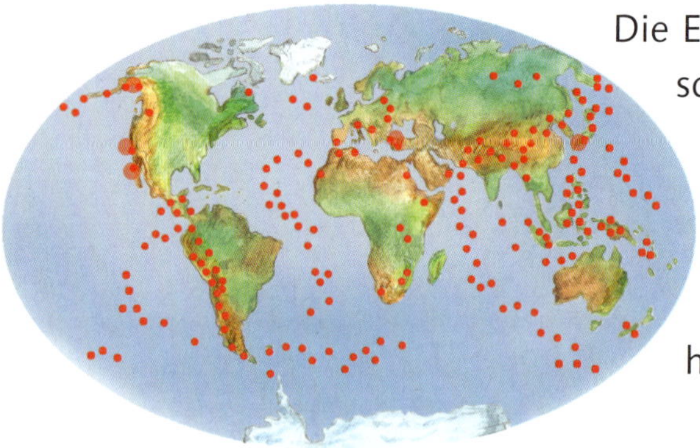

Hier drohen die meisten Erdbeben.

Die Erde besteht aus verschiedenen Platten, die sich ständig bewegen. Das kann zu Erdbeben führen. Was passiert hierbei genau?

Wie Erdbeben entstehen

Immer wenn sich Platten übereinanderschieben oder aneinander vorbeigleiten, verhaken sie sich ineinander. Dadurch bauen sich gewaltige Spannungen auf.

Wenn die Spannungen zu groß werden und die Platten nachgeben, kommt es zu einem Erdbeben. Den Bereich an der Oberfläche über dem Erdbebenherd nennt man Epizentrum.

Riesige Schäden

Jedes Jahr werden bis zu einer Million Erdbeben registriert, doch nur etwa 1000 sind so stark, dass sie Schäden anrichten. Sehr starke Erdbeben können ganze Landstriche verwüsten und viele Menschenleben kosten. Gemessen wird die Stärke mit der Richterskala.

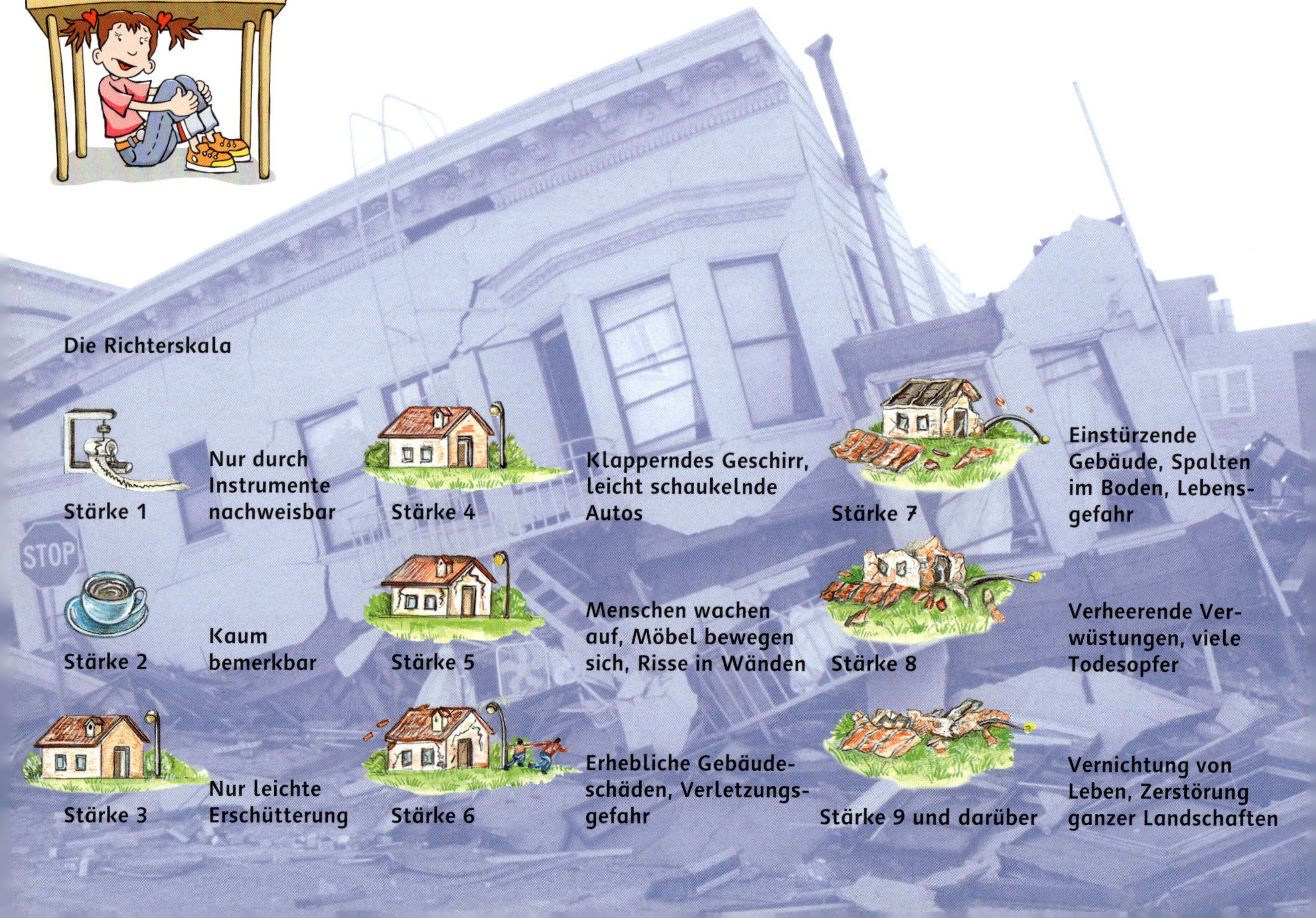

Bekannte Erdbebenzonen

Deutschland:
Hohenzollerngraben (1)
Kölner Bucht (2)

Österreich:
Wiener Becken (3)

Schweiz:
Basel gehört zu den zehn gefährlichsten Erdbebengebieten der Welt (4).

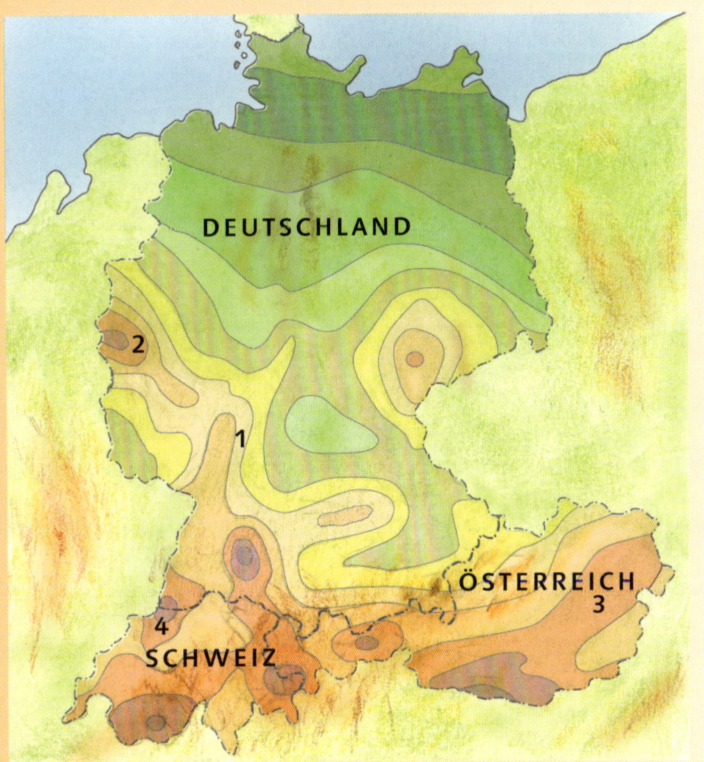

Auch bei uns gibt es Gefahrenzonen.

Gewaltige Flutwellen

Ein Erdbeben am Meeresboden ruft gewaltige Flutwellen hervor. Diese Tsunamis können eine Geschwindigkeit von 790 Kilometern in der Stunde erreichen. Die Flutwellen türmen sich an der Küste bis zu einer Höhe von 30 Metern auf und verursachen verheerende Schäden. Am 26. Dezember 2004 kam es durch ein Seebeben im Indischen Ozean zu einer der bisher schlimmsten Tsunamikatastrophen: etwa 230 000 Menschen kamen ums Leben.

Kann man vor Beben warnen?

Heute werden Erdbewegungen weltweit mit sogenannten Seismografen gemessen, sodass man mittlerweile immer besser vor Erdbeben warnen kann. So sagten 1975 chinesische Forscher ein Beben der Stärke 7,3 bei Haicheng voraus und brachten 90 000 Einwohner in Sicherheit: Zwei Tage, bevor das Beben 90 Prozent der Stadt zerstörte oder beschädigte.

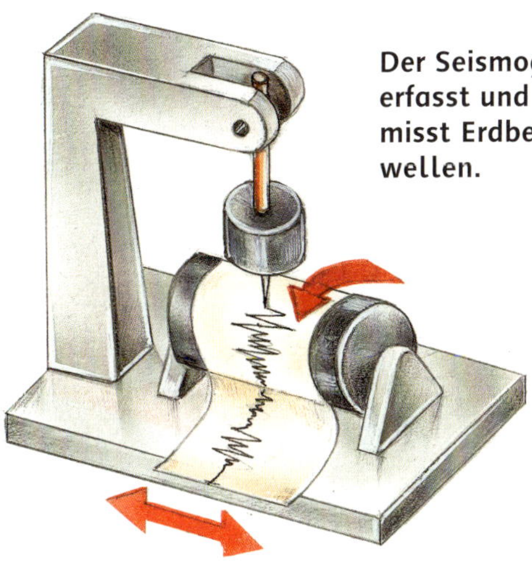

Der Seismograf erfasst und misst Erdbebenwellen.

Knack den Code!

3. Wie heißt die Skala für die Stärke von Erdbeben?
(3. Buchstabe)

Lies mal weiter!
Seite 14, 18, 34
www.expedition.wissen.de
Erdbeben

Vulkane formen die Welt

Vulkane entstehen meist dort, wo Erdplatten aneinandergrenzen. Rund um den Pazifischen Ozean gibt es so viele Vulkane, dass man von einem „Feuerring“ spricht.

Die Erde spuckt!

Vulkane sind Öffnungen in der Erdkruste, durch die geschmolzenes Gestein (Magma) austritt. Der Druck in den Magmakammern unter einem Vulkan drängt das Magma durch einen Schlot nach oben. Dabei werden auch Asche und Steine emporgeschleudert. Magma wird als Lava bezeichnet, sobald es die Erdoberfläche erreicht.

Pompeji wurde im Jahr 79 n. Chr. beim Ausbruch des Vesuvs unter meterdicker Asche begraben.

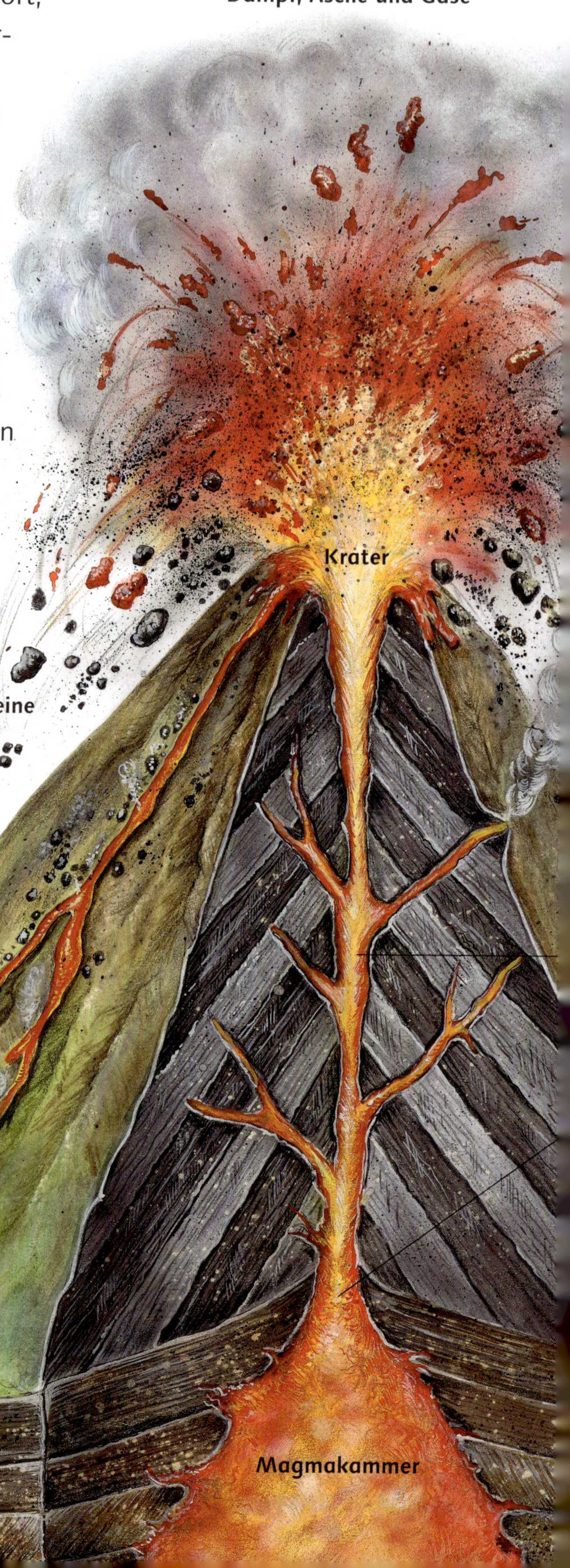

Verschiedene Vulkantypen

Die Form eines Vulkans hängt von der Art des Magmas und des Ausbruchs ab. Ein Schildvulkan entsteht, weil dünnflüssiges Magma austritt und sich als Lavastrom schnell verteilt. Es bilden sich flache Kuppeln, meist mit mehreren Kratern. Schichtvulkane entstehen, wenn abwechselnd Asche und zähflüssiges Magma austreten. Die Lavaströme verteilen sich deshalb nicht weit und bilden mit der Asche einen steilen Kegel. Es gibt auch Vulkane auf dem Meeresboden.

Ein Schichtvulkan mit Schichten von Lava und Lockermaterial

Tätig, ruhend oder erloschen?

Einige Hundert tätige Vulkane sind auf der Erde bekannt. Einer der aktivsten Vulkane ist der Kilauea auf Hawaii (USA), der seit 1983 ununterbrochen Lava ausspeit. Es gibt aber auch viele ruhende Vulkane oder welche, die ganz erloschen sind.

Beispiele für erloschene Vulkane in Deutschland:

- Kaiserstuhl nahe Freiburg
- Hohentwiel nahe dem Bodensee
- Der Schwäbische Vulkan an der Schwäbischen Alb
- Vogelsberg
- Drachenfels im Siebengebirge
- Otzberg und Katzenbuckel im Odenwald
- Amöneburg im Marburger Land

Kochende Geysire

Geysire sind heiße Quellen und treten in vulkanischen Gebieten auf, wo heiße Gesteine dicht unter der Oberfläche liegen. Sie heizen das Wasser im Untergrund auf, bis es kocht und dann fontänenartig nach oben schießt. In Neuseeland und auf Island wird die Energie von Geysiren zur Stromerzeugung genutzt.

Die höchste Fontäne eines Geysirs war 460 m hoch.

Wo gibt es Vulkaninseln?
➡ Seite 66/67
Sah unsere Erde mit ihren Meeren und Kontinenten schon immer so aus?
➡ Seite 14/15

Lies mal weiter!
Seite 14, 18, 40
www.expedition.wissen.de
Vulkane

Die Welt erkunden

Die Sonne liefert uns nicht nur das lebensnotwendige Licht. Sie ist auch für den Wechsel von Tag und Nacht und die Jahreszeiten verantwortlich. Wie sich Sonne und Planeten bewegen, war jahrhundertelang umstritten. Kein Wunder, wir können das ja nicht mit bloßem Auge verfolgen. Genauso wie wir im Alltag nicht spüren, ob die Erde eine Scheibe oder eine Kugel ist. Mutige Forscher und Entdecker haben uns die Augen geöffnet.

Der Drehpunkt: die Sonne

Im Mittelpunkt unseres Sonnensystems steht die Sonne – und um sie herum kreisen die acht Planeten und andere Himmelskörper.

Gewaltige Anziehungskräfte

Sterne und Planeten ziehen sich gegenseitig an. Diese Anziehungskraft nennt man Gravitation oder auch Schwerkraft. Je schwerer die Himmelskörper sind, desto größer ist deren Anziehungskraft. Deshalb zieht die Sonne die Planeten an und zwingt sie auf feste Umlaufbahnen.

Unser Sonnensystem

Es gibt ganz verschiedene Himmelskörper: Die acht Planeten werden teilweise von Satelliten umrundet – so wie der Mond die Erde umkreist. Planetoiden sind oft nur wenige hundert Meter lange Himmelskörper, während Kometen einen langen Schweif haben. Meteore sind Feuerkugeln, die entstehen, wenn Teilchen aus dem All in die Erdatmosphäre eintauchen. Pluto galt lange als Planet, heute zählt er zu den Zwergplaneten. Deshalb ist der Merkspruch auch nicht mehr ganz richtig.

Die Planeten bewegen sich in elliptischen (fast kreisrunden Bahnen) um die Sonne.

Mein Vater erklärt mir jeden Sonntag unsere neun Planeten.

Die Anfangsbuchstaben stehen für die Planeten und Pluto, und zwar mit wachsendem Abstand zur Sonne.

In einer Sternwarte kann man mit riesigen Fernrohren den Himmel betrachten.

Knack den Code!

4. Welcher Planet ist am weitesten von der Sonne entfernt?
(3. Buchstabe)

Die Milchstraße

Unser Sonnensystem ist nur ein sehr kleiner Teil der Milchstraße, einer Galaxie mit Milliarden von Sternen. Eine Galaxie ist wiederum nur ein Teil des Universums, wie man das Weltall auch nennt. Die Milchstraße ist nach ihrem Aussehen benannt: Am nächtlichen Sternhimmel erscheint sie uns wie ein milchig leuchtendes Band.

Extrem!

Jeder Planet hat seine Besonderheiten. Zwei Beispiele: Neptun ist der äußerste Planet unseres Sonnensystems. Er ist 30-mal weiter von der Sonne entfernt als die Erde. Und Jupiter ist ein wahrer Riese: Sein Durchmesser ist mehr als 11-mal so groß wie der der Erde.

Kaum zu glauben

Der Astronom Johannes Kepler erkannte, dass die Planeten in elliptischen Bahnen um die Sonne kreisen.

Lies mal weiter!
Seite 24, 26, 28
www.expedition.wissen.de
Planeten

Die Erde: unser Planet

Lange glaubten die Menschen, dass die Sonne um die Erde kreist. Der Astronom Nikolaus Kopernikus erkannte jedoch um 1500, dass die Erde die Sonne (griechisch Helios) umrundet. Sein heliozentrisches Weltbild setzte sich aber nur allmählich durch.

Die Bewegungen der Erde

Heute wissen wir, dass die Erde drei Bewegungen macht: Mit dem gesamten Sonnensystem bewegt sie sich mit etwa 72 360 Kilometern pro Stunde durch das Weltall. Mit ungefähr 106 000 Kilometern in der Stunde umkreist sie auf einer elliptischen, nicht ganz kreisförmigen Bahn die Sonne. Dazu braucht sie etwa 365 Tage, also ein Jahr. Und einmal am Tag – also in knapp 24 Stunden – dreht sich die Erde einmal um ihre eigene Achse.

Die Erdachse und ihre Pole

Die beiden Endpunkte der Achse, um die sich die Erde dreht, nennt man Pole. Der Nordpol befindet sich im mittleren Nordpolarmeer, in einer Region, die von Treib- und Packeis bedeckt ist. Der Südpol liegt im Inneren der Antarktis.

Knack den Code!

5. Wie hieß der Forscher, der das heliozentrische Weltbild prägte?
(2. Buchstabe des Nachnamens)

Die Erde umkreist in etwa 365 Tagen die Sonne und in knapp 24 Stunden dreht sie sich einmal um die eigene Achse.

Aufnahmen aus dem All zeigen die Kugelform der Erde.

Im Mittelalter glaubte man, dass man am Ende der Weltscheibe ins Nichts fällt.

Scheibe oder Kugel?

Bis ins Mittelalter hinein, also bis vor 500 Jahren, stellten sich die Menschen die Erde als Scheibe vor, die nur auf einer Seite bevölkert ist. Schließlich war die Kugelgestalt nicht mit dem bloßen Auge zu erkennen. Außerdem dachten sie, dass die Menschen auf der unteren Kugelhälfte herunterfallen müssten.

Unter der Leitung des portugiesischen Entdeckers Ferdinand Magellan gelang die erste Weltumsegelung – und damit der endgültige Beweis, dass die Erde eine Kugel ist. Die drei Jahre dauernde Reise begann 1519. Magellan selbst erlebte jedoch nicht das Ende der Reise, denn er starb im Kampf mit Einheimischen auf den Philippinen.

Kaum zu glauben

Das erste Lebewesen im All war 1957 die Hündin Laika im russischen Satelliten Sputnik 2. Laika starb aber leider in der Rakete, vermutlich an Überhitzung.

So kriegt man einen Drehwurm!

Lies mal weiter!
Seite 30, 46, 68

Unser Nachbar: der Mond

Bei Neumond liegt die erdabgewandte Seite des Mondes im Sonnenlicht.

Zunehmender sichelförmiger Halbmond

Mal ist er ganz, mal gar nicht, mal nur als Sichel zu sehen: Der Mond zeigt jeden Tag ein anderes Gesicht!

Im Bann der Planeten

Als vor Milliarden von Jahren Sonne und Planeten entstanden, bildeten sich noch andere Himmelskörper im All. Gerieten sie in die Anziehungskraft eines Planeten, umkreisten sie diesen fortan als Satelliten. Der Mond ist ein Beispiel dafür.

An vielen Küsten gibt es Ebbe und Flut, die sich zweimal pro Tag abwechseln.

Die Mondphasen

In rund 28 Tagen dreht sich der Mond auf einer elliptischen Umlaufbahn um die Erde. Seine Umlaufbahn und die Bahn der Erde um die Sonne sind etwas zueinander geneigt. Deshalb wird der Mond im Lauf der Erdumkreisung unterschiedlich beleuchtet. Immer ist für uns nur eine Seite sichtbar und nur eine Mondhälfte wird von der Sonne angestrahlt.

Mond – mal dunkel mal hell

Bei Neumond liegt die sichtbare Seite im Schatten. Eine Woche später ist die Hälfte der sichtbaren Seite sonnenbeschienen: Wir sehen einen Halbmond. Nach einer weiteren Woche haben wir Vollmond: Die sichtbare Hälfte wird komplett von der Sonne beschienen. Und eine Woche danach sehen wir wieder einen Halbmond.

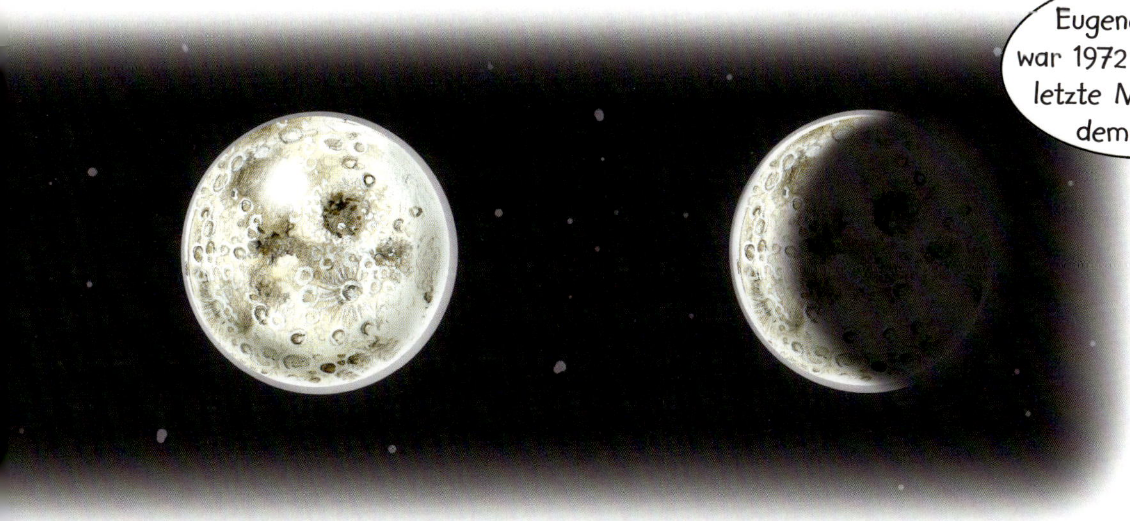

Bei Vollmond liegt die ganze sichtbare Hälfte des Mondes im Sonnenlicht.

Abnehmender sichelförmiger Halbmond

Ebbe und Flut

Der Mond übt eine Anziehungskraft auf die Erde aus. Bestes Beispiel sind Ebbe und Flut. Das Wasser auf der dem Mond zugekehrten Erdseite steigt an, weil es vom Mond angezogen wird: Es entsteht eine Flut. Dort, wo dieses Wasser nun „fehlt", sinkt der Meeresspiegel, es herrscht Ebbe. Ebbe und Flut nennt man auch Gezeiten.

Höchste und niedrigste Flut

Wenn sich die Anziehungskräfte von Sonne und Mond überlagern, kommt es zu einer Springtide (-flut). Dann ist die Flut höher und die Ebbe niedriger als normal. Stehen Mond und Sonne quer zueinander, entstehen Nipptiden mit sehr niedriger Flut und Ebbe. Den Unterschied zwischen dem höchsten und dem niedrigsten Wasserstand nennt man Tidenhub. Er kann 12 Meter und mehr betragen.

Neil Armstrong betrat am 20. Juli 1969 als erster Mensch den Mond.

Lies mal weiter!
Seite 24, 26, 66
www.expedition.wissen.de
Mond

Die Sonne als Taktgeber

Übers Jahr wechseln auf der Nord- und Südhalbkugel die vier Jahreszeiten.

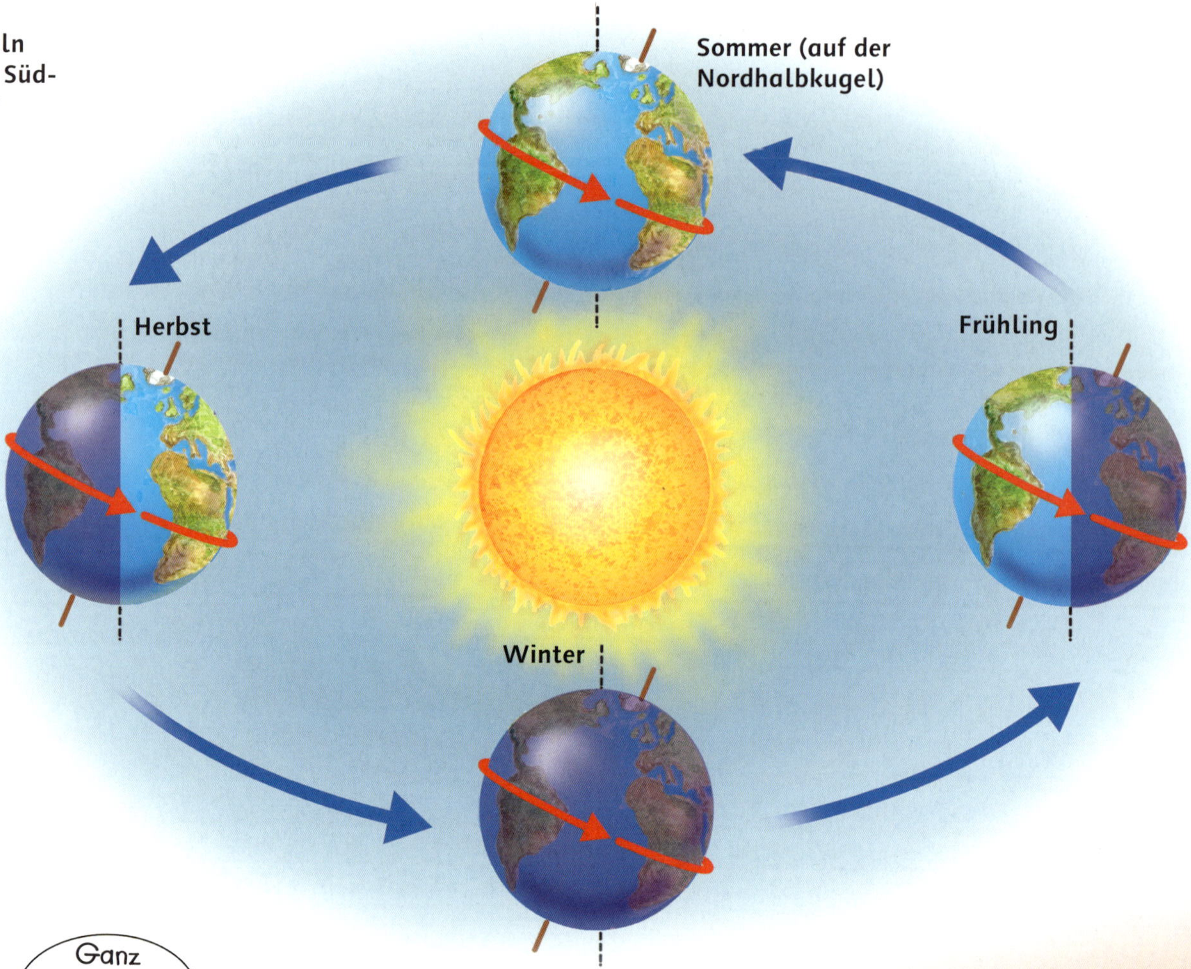

Die Sonne liefert Licht und Energie zum Leben, aber sie gibt auch den Takt unseres Lebens vor.

Jahreszeiten

Ein Jahr braucht die Erde, um die Sonne zu umrunden. Während dieser rund 365 Tage bekommen nicht alle Teile der Erde gleich viel Licht und Wärme. Denn durch die Neigung der Erdachse steht manchmal eine Erdhälfte der Sonne näher als die andere. Darum gibt es in unseren Breiten die vier Jahreszeiten. Wenn die Nordhalbkugel der Sonne mehr zugeneigt ist, haben wir Sommer. Dann fallen die Strahlen fast senkrecht auf die Erde. Auf der Südhalbkugel herrscht dann Winter. Umgekehrt haben wir Winter, wenn auf der Südhalbkugel Sommer ist. Im Frühjahr und Herbst sind beide Halbkugeln ungefähr gleich zur Sonne geneigt.

Beides ist ein Tag

Unter Tag versteht man einerseits die 24 Stunden, in der sich die Erde einmal um ihre eigene Achse dreht. Tag meint andererseits aber auch die helle Tageszeit im Gegensatz zur Nacht.

Tag und Nacht

Der Wechsel von Tag und Nacht kommt durch die Drehung der Erde um sich selbst zustande, denn es ist immer nur eine Hälfte der Erde sonnenbeschienen. Auf der anderen herrscht Nacht. Die Sonne geht für uns an dem Ort auf, der gerade aus dem Schatten der Nachtseite heraustritt. Während sich die Erde weiterdreht, steigt die Sonne am Himmel immer höher, bis sie mittags ihren höchsten Stand erreicht. Dann sinkt sie zum Horizont hinab und geht schließlich unter. Auf der gegenüberliegenden Seite der Erde geht sie nun auf.

Wie überleben Pflanzen in der Wüste? ➡ Seite 70/71
Welche Sonnenstrahlen sind lebensfeindlich? ➡ Seite 46/47

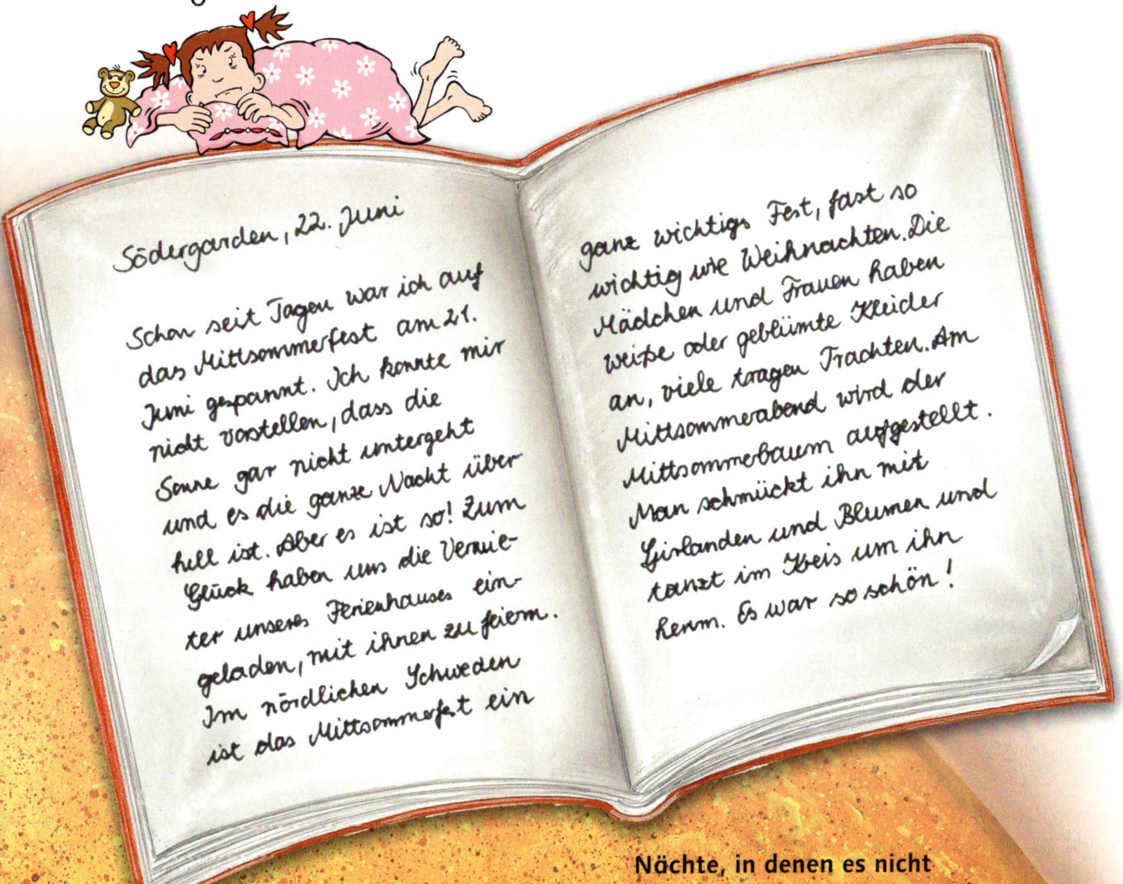

Södergarden, 22. Juni

Schon seit Tagen war ich auf das Mittsommerfest am 21. Juni gespannt. Ich konnte mir nicht vorstellen, dass die Sonne gar nicht untergeht und es die ganze Nacht über hell ist. Aber es ist so! Zum Glück haben uns die Vermieter unseres Ferienhauses eingeladen, mit ihnen zu feiern. Im nördlichen Schweden ist das Mittsommerfest ein ganz wichtiges Fest, fast so wichtig wie Weihnachten. Die Mädchen und Frauen haben weiße oder geblümte Kleider an, viele tragen Trachten. Am Mittsommerabend wird der Mittsommerbaum aufgestellt. Man schmückt ihn mit Girlanden und Blumen und tanzt im Kreis um ihn herum. Es war so schön!

Nächte, in denen es nicht dunkel wird, nennt man auch weiße Nächte.

Frühling vom 21. März bis 21. Juni

Sommer vom 21. Juni bis 23. September

Herbst vom 23. September bis 21. Dezember

Winter vom 21. Dezember bis 21. März

An den Bäumen kann man die Jahreszeiten ablesen.

Lies mal weiter!
Seite 46, 48, 54

Wagemut und Neugierde

Christoph Kolumbus (1451–1506)

- italienischer Seefahrer und Entdecker
- suchte einen kürzeren Seeweg nach Asien und landete dabei irrtümlich in Mittelamerika
- entdeckte 1492 die Bahamas-Insel San Salvador

Es gibt Menschen, deren Wissensdurst einfach nicht zu stillen ist. Sie setzen sich gegen alle Widerstände durch. Denn immer findet sich jemand, der sich von neuen Erkenntnissen und Entdeckungen nicht überzeugen lässt.

Forschen und entdecken

Wagenmutige Entdecker machten sich auf, um völlig unbekannte Gegenden der Welt zu erforschen. Dazu gehörte neben Neugierde und Mut auch Beharrlichkeit, um Rückschläge wegzustecken. Kolumbus wollte eigentlich einen kürzeren Seeweg nach Indien finden, landete aber in Mittelamerika.

Voneinander lernen

Marco Polo bereiste auf dem Landweg den Fernen Osten. Seine Reiseaufzeichnungen vermittelten den

Kolumbus landete irrtümlich in der Karibik und entdeckte damit Mittelamerika.

Kaum zu glauben

Wie bringt man ein Ei zum Stehen? Kolumbus hat es (angeblich) vorgemacht: Er hat es einfach an der Spitze eingedrückt. Deshalb nennt man so einfache Lösungen wie diese „Ei des Kolumbus".

Europäern einen ersten Eindruck vom Leben dort. Unterwegs sah Marco Polo ganz erstaunliche Dinge, über die er ein Buch schrieb. Darin berichtete er zum Beispiel über die fremden Lebensgewohnheiten der Menschen in der Mongolei und in China. Dieses Wissen machten sich viele Kaufleute, aber auch andere Abenteurer später zunutze. Vasco da Gama gelang es 1497 bis 1498, um den afrikanischen Kontinent herum nach Indien zu segeln. Diesen Seeweg hatte schon Marco Polo vorgeschlagen, aber niemand schaffte es bis dahin.

Noch viel zu entdecken

Auch wenn alle Kontinente entdeckt sind, heißt das noch lange nicht, dass es für uns nichts mehr zu erkunden gibt. Große Gebiete sind noch weitgehend unerforscht, etwa das Amazonasbecken in Südamerika, die Antarktis und Arktis, das Guayana-Bergland im Norden Südamerikas, der Himalaja, Mikronesien, eine Inselgruppe im Pazifischen Ozean – und vor allem die Tiefsee. Die Wissenschaftler auf der ganzen Welt arbeiten dabei immer enger zusammen und tauschen ihr Wissen aus.

Marco Polo (1254–1324)

- Weltreisender und Schriftsteller
- reiste auf dem Landweg nach China
- seine Reiseberichte vermittelten den Europäern erste Eindrücke vom unbekannten Fernen Osten wie China, Thailand, Japan, Java, Sri Lanka, Tibet, Indien

Das deutsche Forschungsschiff „Polarstern" leistet wichtige Beiträge zur Tiefseeforschung.

Knack den Code!

6. Wer entdeckte Mittelamerika?
(8. Buchstabe des Nachnamens)

Lies mal weiter!
Seite 10, 62, 68
www.expedition.wissen.de
Polarstern

Aufbau und Bausteine der Erde

Wie entstanden Gebirge? Was wissen wir vom Erdinneren? Wie kann man Bodenschätze, etwa Edelsteine gewinnen? Das sind Fragen, die die Menschen beschäftigen. Und im Laufe der Zeit konnten uns Wissenschaftler die Erde und ihre Entstehung immer besser erklären. So wissen wir heute, wie Gesteine und Mineralien aufgebaut sind und wie Kohle und Erdöl entstehen. Aber dieses Wissen hilft uns nicht immer weiter: Rohstoffe sind zum Beispiel begrenzt. Wie können wir lernen, keinen Raubbau zu betreiben und verantwortungsvoll mit unserer Erde umzugehen?

Ein Blick ins Innere

Die Erde ist wie eine Zwiebel aus mehreren Schichten aufgebaut. Wie sehen diese Schichten aus?

Kern, Mantel, Kruste

Der Kern bildet das Erdzentrum, dann folgt der Mantel und schließlich die relativ dünne Erdkruste, sprich die Erdoberfläche, auf der wir leben.

Gestein und Metalle

Die Kruste besteht aus Gestein. Sie gliedert sich in die Kontinentalkruste mit bis zu 60 Kilometer Dicke und die ozeanische Kruste, die rund 7 Kilometer dick ist. Die Platten der Erdkruste schwimmen gleichsam auf dem zähflüssigen oberen Erdmantel. Der untere Erdmantel ist wahrscheinlich fester. Der sehr heiße und dichte Erdkern besteht aus dem flüssigen äußeren Kern und dem wahrscheinlich festen inneren Kern, der bis zu 7000 Grad Celsius heiß ist.

Einen Kompass nutzen wir zur Orientierung.

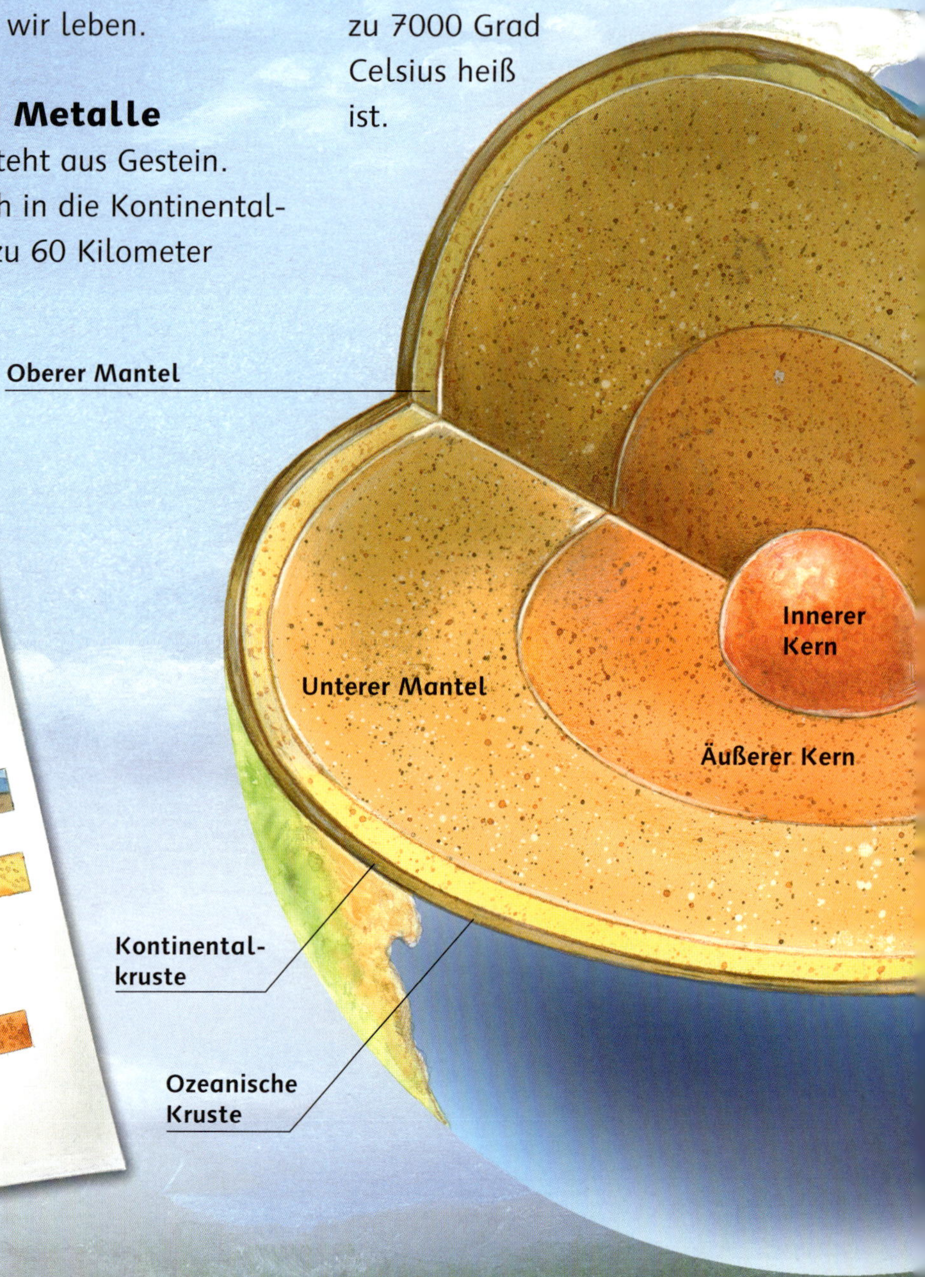

Die Erde, ihre Schichten und ihr Aufbau

Kontinentalkruste: verschiedene erstarrte Gesteinsarten

Ozeanische Kruste: verschiedene feste Gesteinsarten

Oberer Mantel: teilweise geschmolzenes Gestein

Unterer Mantel: festes, dichtes Gestein

Äußerer Kern: vermutlich zähflüssige Metalle

Innerer Kern: vermutlich feste Metalle

Das Magnetfeld der Erde

Warum richtet sich die Kompassnadel nach Norden aus? Das liegt am Magnetfeld der Erde. Denn die Erde ist ein riesiger Magnet mit zwei Polen – einem Nord- und einem Südpol. Gleiche Pole stoßen sich ab, ungleiche ziehen sich an. Die magnetischen Erdpole sind allerdings nicht mit den geografischen identisch – sie weichen um einige tausend Kilometer davon ab.

Polarlichter

An den Polen kann man ein atemberaubendes Phänomen beobachten: die Polarlichter. Sie entstehen durch das Wechselspiel von elektrischen Teilchen, die die Sonne abstrahlt, und dem Magnetfeld der Erde. Polarlichter können ganz unterschiedlich aussehen: wie Bänder, Bögen, Fäden oder auch wie Flammen oder Wolken.

Wie ist die Erde entstanden? ➡ Seite 10/11
Was sind die wertvollsten Bodenschätze? ➡ Seite 40/41

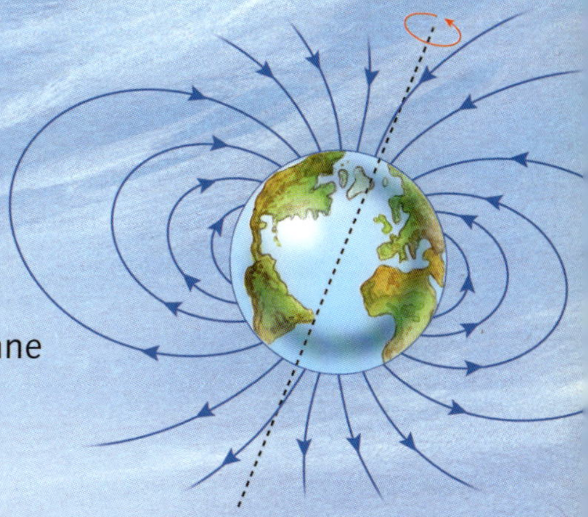

Magnetische und geografische Pole stimmen nicht überein.

Polarlichter treten in ganz verschiedenen Formen und Farben auf.

Lies mal weiter!
Seite 18, 32, 36
www.expedition.wissen.de
Erde von innen

Auf Gipfeln und in Höhlen

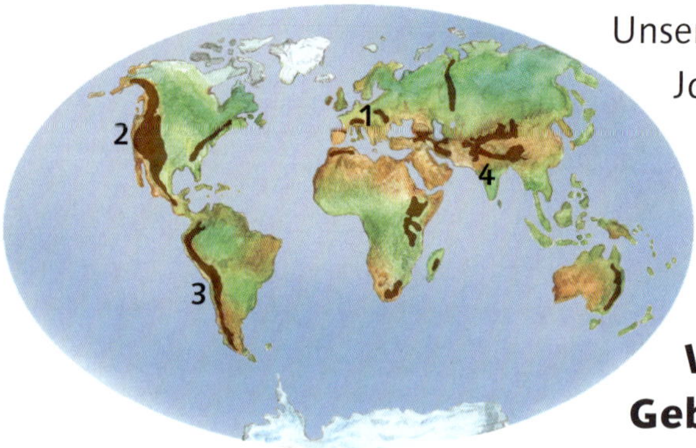

Wichtige Gebirgszüge: Alpen (1), Rocky Mountains (2), Anden (3) und Himalaja (4)

Unsere Gebirge sind in Jahrmillionen entstanden. Dabei waren gewaltige Kräfte im Spiel.

Wie entstehen Gebirge?

Die meisten Gebirge entstehen durch Bewegungen der Erdkruste. Die riesigen Platten der Erdkruste verschieben sich gegeneinander, aber nur wenige Zentimeter pro Jahr. Wenn sich Platten über Jahrtausende aufeinander zubewegen, wird die Erdkruste gestaucht und angehoben. So sind auch die Alpen entstanden. Manchmal wird eine Platte auch unter eine andere geschoben und nach unten gedrückt. Dort schmilzt sie – und das aufsteigende Magma bildet dann auch Gebirge wie zum Beispiel die Anden.

Die Gebirgsketten

Die meisten Gebirge bilden Ketten, die sich über Hunderte von Kilometern erstrecken. Gebirgsketten sind zum Beispiel die Rocky Mountains im Westen Nordamerikas mit dem 4399 Meter hohen Mount Elbert oder unsere Alpen mit dem 4808 Meter hohen Montblanc.

Reinhold Messner (geboren 1944)
- italienischer Bergsteiger und Abenteurer
- war auf allen 14 Achttausendern der Welt

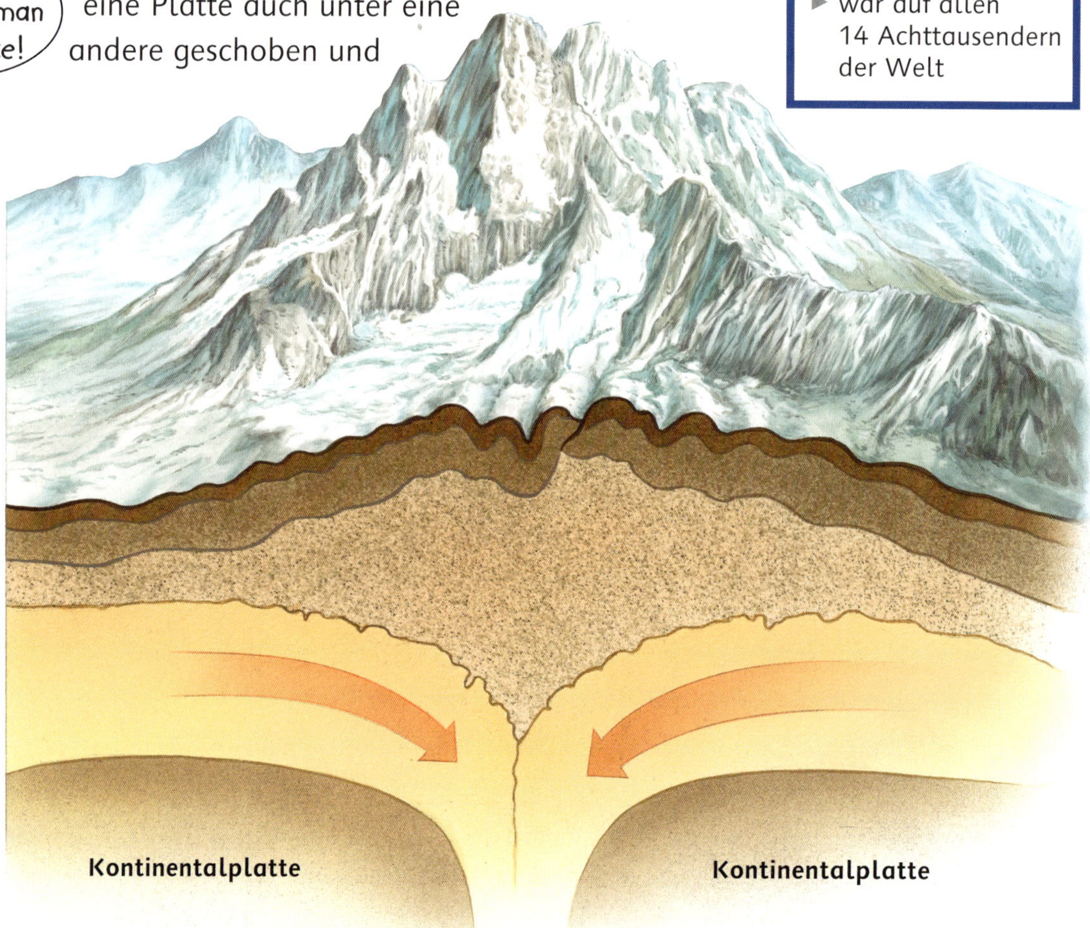

Wenn Kontinentalplatten aufeinandertreffen, werfen sie Gebirge auf.

Geheimnisvolle Höhlen

Steter Tropfen höhlt den Stein – heißt ein Sprichwort. So können zum Beispiel gegen eine Klippe schlagende Wellen das Gestein im Laufe der Zeit abtragen. Höhlen entstehen, wenn das Grundwasser unterirdisches Gestein, etwa Kalkstein, in Jahrtausenden aushöhlt. In Deutschland liegen viele Höhlen in der Schwäbischen Alb.

Tropfen um Tropfen

Unterirdische Tropfsteinhöhlen entstehen, weil das Wasser, das die Ritzen und Wände herabrinnt, Kalk aus dem Gestein löst. Bleiben nun Wassertropfen an der Decke hängen, lagert sich dort der Kalk ab und bildet langsam einen herabhängenden Kalkzapfen (Stalaktit). Fallen die Tropfen auf den Boden, wächst dort ein Zapfen (Stalagmit) empor.

Stalaktiten hängen wie Eiszapfen herunter, Stalagmiten wachsen nach oben.

Lies mal weiter!
Seite 14, 38, 42

Hart wie Stein

Knack den Code!
7. Wie sagt man, wenn Gestein durch Wind oder Wellen abgetragen wird?
(3. Buchstabe)

Gesteine bauen die Erdkruste auf. Man unterscheidet drei Arten der Entstehung.

Magma, Kalk oder ein Gemisch

Kühlt flüssiges Magma an der Oberfläche ab, erstarrt es zu magmatischem Gestein.
Sedimentgesteine bestehen aus Kalkschalen (etwa von Muscheln), Ton, Sand oder Schlamm, die sich zum Beispiel am Meeresboden abgelagert haben. Durch den hohen Druck der oberen Schichten wurde das Wasser aus den Ablagerungen herausgepresst, sodass ein festes Gestein entstand.
Metamorphes Gestein ist ein Gemisch aus Vulkan- oder Sedimentgesteinen. Durch große Hitze oder hohen Druck einer Gebirgsfaltung wurde es umgewandelt zu neuen Gesteinsformen wie Marmor.

Zeugen der Urzeit

Vor allem in Sedimentgesteinen findet man Fossilien, Spuren früherer Pflanzen und Tiere. Sie wurden nach dem Ableben von Schlamm und Erde bedeckt. Die weichen Teile verrotteten, die harte Schale oder die Knochen blieben übrig und wurden durch weitere Ablagerung eingeschlossen.

Schieferton

Sedimentgesteine entstanden aus Kalkschalen, Ton, Sand oder Schlamm.

Sandstein

Kreide

Die Kreidefelsen der Insel Rügen werden von Wind und Wellen „abgenagt".

Ein Krokodil mitten in Deutschland!

Darmstadt – Einen sensationellen Fund haben Wissenschaftler jetzt in der Grube Messel knapp zehn Kilometer nordöstlich von Darmstadt gemacht. Sie fanden bei Ausgrabungen die Reste eines vorzeitlichen Krokodils.
Schon seit 1875 werden in der ehemaligen Ölschiefergrube immer wieder hervorragend erhaltene Fossilien entdeckt. Darunter Riesenameisen, Schildkröten, Frösche, Beuteltiere, Vögel, Fische, Schuppentiere, Fledermäuse und das Messeler Urpferd, ein hundegroßer Vorfahre unserer Pferde.
Weil man hier so viele bedeutende ausgestorbene Tierarten finden kann, wurde die Grube Messel zum „Weltnaturerbe“ erklärt.

Funde von jahrtausendealten Resten von Tieren und Pflanzen

Lockere Gesteine

Auch wenn es sich seltsam anhört: Es gibt nicht nur feste und steinharte Gesteine, sondern auch „lockere“ Gesteine. Die Geologen, also die Wissenschaftler vom Aufbau der Erde, nennen alle Gesteine „locker“, die sich noch nicht verfestigt haben, dies aber irgendwann tun werden. Man könnte auch sagen, diese Gesteine stecken noch in den Kinderschuhen. Solche Lockergesteine sind Kies- und Sandablagerungen, die an Flüssen oder Meeresküsten entstehen. Aus ihnen entwickeln sich in Jahrmillionen zum Beispiel Sandsteine.

Verwitterung

So hart Stein auch zu sein scheint, unverwüstlich ist er nicht! Wasser kann Stein zum Beispiel zum Bersten bringen. Wenn Wasser in feine Ritzen des Gesteins einsickert und gefriert, dehnt es sich aus und sprengt das Gestein auseinander. Aber auch Schadstoffe in der Luft wie Kohlendioxid oder Wurzeln von Pflanzen lassen Steine verwittern.

Erosion

Auch die Erosion, die Abtragung, setzt Steinen zu. Dabei werden Gesteinsteilchen fortdauernd abgetragen – durch fließendes Wasser, durch Gletscher, Wind oder die Meeresbrandung. So kann man in Gebirgen u-förmige Täler finden, die Gletscher ins Gestein gefräst haben.

Großer Druck oder große Hitze erzeugen metamorphes Gestein:

Marmor

Magmatisches Gestein entsteht, wenn Magma an der Oberfläche abkühlt:

Granit

Basalt

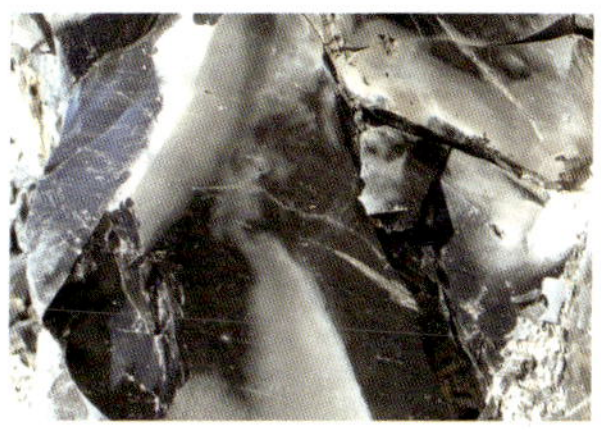

Obsidian

Lies mal weiter!
Seite 10, 18, 70

Mineralien und Edelsteine

Kaum zu glauben

Vor etwa 2000 Jahren, als es noch keine Brillen gab, behalfen sich die Reichen und Mächtigen mit geschliffenen Edelsteinen als Sehhilfe.

Im Erdboden gibt es viele Stoffe, die wir Menschen in ganz unterschiedlicher Weise nutzen. So würzen wir zum Beispiel unser Essen mit Steinsalz oder heizen mit Erdöl. Wir nennen solche Stoffe Bodenschätze.

Mineralien

Wichtige Bodenschätze sind auch die Mineralien. Aus ihnen bestehen alle Gesteine. Wir kennen etwa 2500 Mineralien. Rund 10 davon bilden 90 Prozent der Erdkruste.

Wertvolle Erze

Einige Gesteine enthalten Metalle wie Gold oder Silber. Diese sogenannten Erze zählen zu den wertvollsten Mineralien. Um das Metall zu gewinnen, werden die Erze in Bergwerken abgebaut. Durch Erhitzen wird das Metall herausgelöst.

Auf Goldsuche

In goldhaltigen Flüssen gewinnt man Gold einfach durch „Goldwaschen". Man füllt goldhaltigen Flusssand in eine runde Schale, die unten eine kleine Mulde hat. Die Schale schwenkt man unter einem leichten Wasserstrom hin und her. Dadurch wird der leichtere Sand weggeschwemmt, und die schwereren Goldteilchen sammeln sich in der Mulde.

Silber wird zu Schmuck, Besteck und Münzen verarbeitet.

Gold ist hellgelb und glänzt. Daraus wird vor allem Schmuck gemacht.

Goldrausch: Wird eine Fundstelle bekannt, strömen viele Goldsucher dorthin.

Geschliffene Diamanten heißen Brillanten.

Aus dem Tagebuch eines Goldsuchers

Was Edelsteine edel macht

Manche Mineralien sind so hart, dass man sie schneiden, schleifen, polieren und zu Schmuck verarbeiten kann. Von allen Mineralien gelten nur etwa 70 als Edelsteine. Edelsteine bestechen durch ihre schöne Farbe, ihre reine Struktur und ihr Funkeln, da sie das einfallende Licht brechen. Das machte sich auch der römische Kaiser Nero zunutze, der angeblich einen Smaragd als „Sonnenbrille" trug!

Erst wenn der Rubin geschliffen wird, erhält er seinen Glanz.

Was ist schwarzes Gold? ➡ Seite 42/43
Welche Bewegungen macht die Erde? ➡ Seite 24/25

Smaragde sind sehr selten.

Lies mal weiter!
Seite 10, 38, 42
www.expedition.wissen.de
Mineralien

Noch mehr Bodenschätze

Neben Mineralien und Edelsteinen fördern und gewinnen wir noch viele andere Bodenschätze aus den Tiefen der Erde. So nutzen wir Kohle und Erdöl, um Wärme zu erzeugen oder aber als Treibstoff für unsere Autos.

Kaum zu glauben

Der Begriff Kumpel für einen richtig guten Freund stammt aus dem Bergbau. Wahrscheinlich, weil sich Bergleute tief im Berg aufeinander verlassen können.

Leicht zu fördern

Lagerstätten von Bodenschätzen nahe der Oberfläche sind am einfachsten abzubauen. Bergarbeiter fördern sie im Tagebau, indem sie die darüberliegenden Schichten einfach wegsprengen oder mit riesigen Baggern abtragen. Diese sind so hoch wie ein mehrstöckiges Wohnhaus.

Untertagebau

Wenn Kohle, Erze oder andere Bodenschätze tief in der Erde liegen, müssen im Untertagebau Schächte und Stollen gegraben werden. Sie können bis zu 3000 Meter tief in die Erde hineinragen. In Europa gibt es aber immer weniger Bergwerke. Denn viele Lagerstätten sind mittlerweile ausgebeutet.

In einem Steinkohle-Bergwerk wird die Steinkohle aus den Flözen herausgelöst.

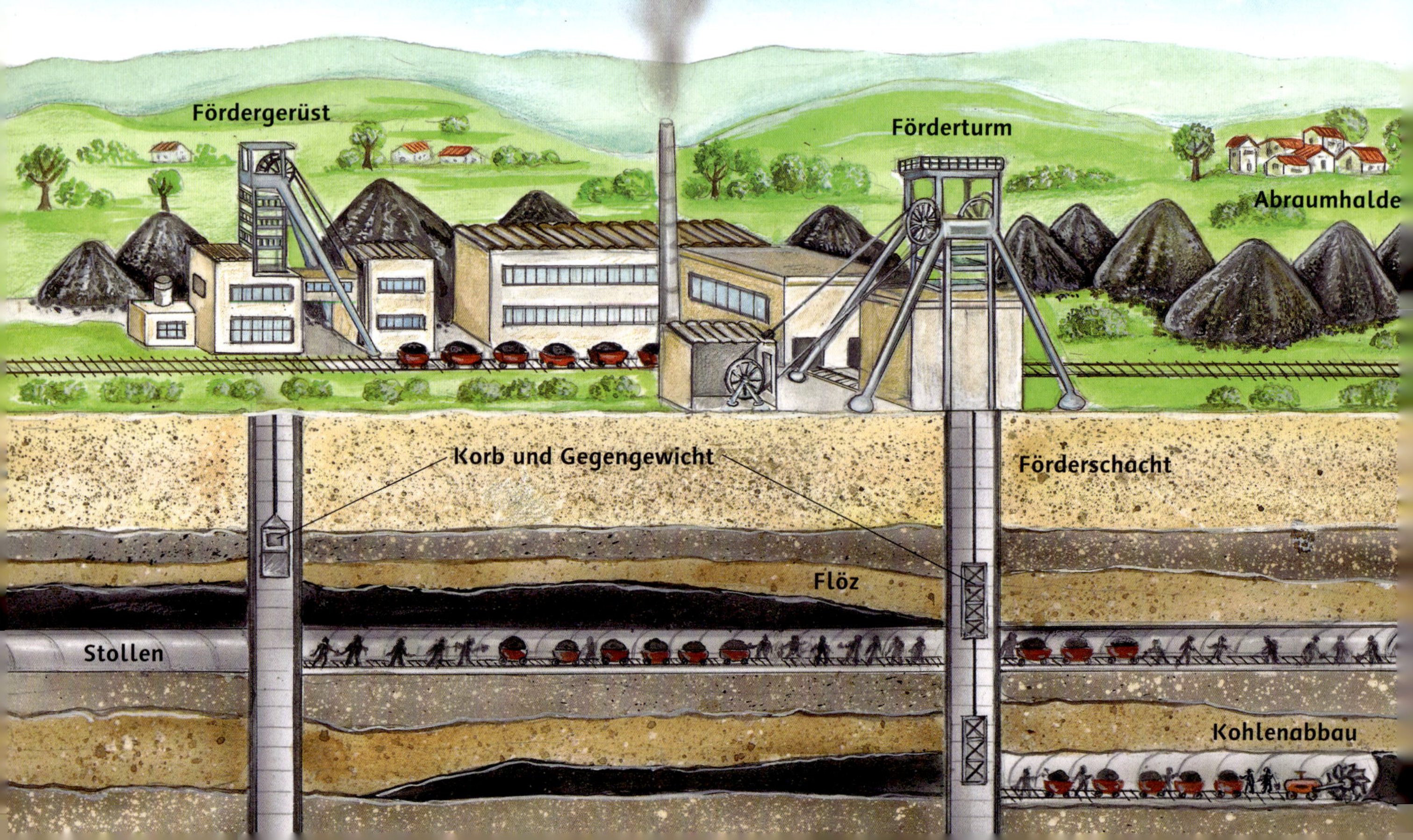

Aus Pflanzen entstanden

Unsere Steinkohlevorkommen stammen aus einer Zeit vor rund 300 Millionen Jahren. Damals erstreckten sich weite Sümpfe mit Farnen und Bäumen über die Erde. Starben die Pflanzen ab und wurden von Wasser bedeckt, so bildeten sich dort Torfmoore. Im Laufe der Zeit lagerten sich darauf Sand und Schlamm ab. Der Druck dieser Schichten und die Bewegungen der Erdkruste ließen zusammen mit vulkanischer Hitze Kohle entstehen.

Schwarzes Gold

Genauso wertvoll ist Erdöl, das aus abgestorbenen Pflanzen und Kleinstlebewesen entstanden ist. Nach Erdöl muss man meist mit großem Aufwand bohren, da es tief in der Erde liegt – zum Beispiel unter der Nordsee.

Feste Ölförder-Plattformen eignen sich für den küstennahen Bereich.

Bis zu einer Tiefe von 300 Metern verankert man Halbtaucher über dem Bohrloch.

Lies mal weiter!
Seite 38, 40, 70
www.expedition.wissen.de
Bergwerk

Luft, Wind und Wetter

Die Lufthülle um die Erde – die Atmosphäre – macht unseren Planeten einzigartig. Sie gibt uns nicht nur Luft zum Atmen, sondern schützt uns auch vor schädlicher Strahlung aus dem Weltall. Sie ist mit dem Wasser, das unserem „Blauen Planeten" den Namen gab, die Grundlage für das Leben auf der Erde. Unser Wasser bewegt sich in einem ewigen Kreislauf zwischen Erde und Atmosphäre – nicht zuletzt davon hängt auch das Wetter ab: Ob es regnet, schneit, hagelt – immer ist Wasser im Spiel und die Sonne.

Einmalig: die Atmosphäre

Die Lufthülle um unser Erde ist lebenswichtig – sie liefert uns zum Beispiel Luft zum Atmen. Ohne sie können wir nur wenige Minuten überleben. Die Lufthülle der Erde nennen wir Atmosphäre. Wie ist dieses „Lebensorgan“ eigentlich aufgebaut?

„Wetterküche“ Troposphäre

Bis zu den 8000er-Gipfeln des Himalajas reicht das untere „Stockwerk“ der Atmosphäre, die Troposphäre. Sie beeinflusst entscheidend unser Leben, denn sie ist die Wetterküche der Erde und enthält die meiste Luft.

Die Schichten der Atmosphäre

- Troposphäre bis etwa 10 Kilometer Höhe
- Stratosphäre mit der Ozonschicht bis etwa 50 Kilometer Höhe
- Mesosphäre bis 80 Kilometer Höhe
- Thermosphäre bis etwa 500 Kilometer Höhe
- Exosphäre bis etwa 1000 Kilometer Höhe

Die Schichten unserer Atmosphäre

Hoch hinaus

Das nächste Stockwerk der Luft ist die Stratosphäre. Sie ist praktisch frei von Wolken und enthält das Ozon. Ihr folgen die Mesosphäre und die Thermosphäre. Hier glühen die Hitzeschilde der Raumschiffe, wenn sie auf der Rückkehr zur Erde wieder in die Atmosphäre eintauchen. Ihr folgen die Mesosphäre und die Thermosphäre. Danach geht die Atmosphäre allmählich in den luftleeren Weltraum über. In dieser Exosphäre umkreisen die meisten Satelliten die Erde.

Das Ozonloch

Es gibt Sonnenstrahlen, die sehr energiereich und damit lebensfeindlich sind: die ultravioletten Strahlen. Vor ihnen schützt uns die Ozonschicht, die in etwa 20 bis 30 Kilometern Höhe unsere Erde umgibt. Durch Abgase wird dieser Schutzschild aber zunehmend zerstört. So hat sich über der Antarktis ein Ozonloch gebildet, das für den Menschen gefährlich werden könnte.

Der Treibhauseffekt

„Treibhausgase" wie Kohlendioxid und FCKW bilden einen Schirm um die Erde. Die Wärme, die sonst in den Weltraum abgestrahlt würde, kommt zurück und heizt die Erde auf – wie das Glas eines Treibhauses. Durch die weltweite Erwärmung schmilzt das ewige Eis an den Polen und auf Gletschern.

Knack den Code!

8. Wie nennt man die Lücke im Schutzschild der Atmosphäre?
(5. Buchstabe)

Lies mal weiter!
Seite 12, 38, 48
www.expedition.wissen.de
Atmosphäre

Wolken und Winde

Wolkenarten:

Am Himmel sieht man die unterschiedlichst geformten Wolken. Hat das etwas zu bedeuten?

Zart oder bedrohlich

Federwolken sind sehr hoch, dünn, hellweiß und federartig. Schleierwolken sehen natürlich wie ein Schleier aus. Schäfchenwolken bilden Gruppen kleiner, weißer „Bällchen" und „Flocken". Sie bringen zwar keinen Regen, künden ihn aber oft an. Die bauschigen Haufenwolken ähneln einem Kissen. Sie sind meist Schönwetterboten. Mächtige dunkle Haufenwolken, die sich wie Gebirge auftürmen, bringen oft heftigen Regen oder Gewitter.

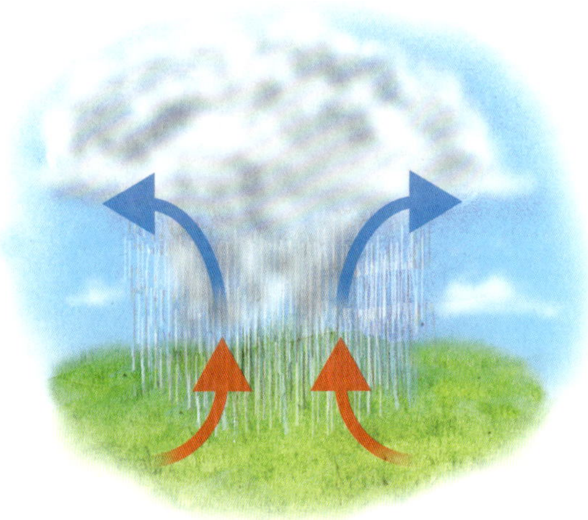

Steigt warme, feuchte Luft auf, kühlt sie ab und kondensiert zu Wassertropfen – den Wolken.

Trifft feuchte, warme Luft auf ein Gebirge, steigt sie daran empor und bildet Regenwolken, die an der Gebirgswand hängen bleiben.

Wie Regenwolken entstehen

Die Sonnenwärme lässt das Wasser aus den Meeren, Seen und Flüssen verdunsten. Dieser Wasserdampf wird von der warmen Luft über dem Boden aufgenommen. Steigt diese nach oben, kühlt sie in den kälteren Luftschichten ab. Das Wasser aus der Luft kondensiert, das heißt, es bildet winzige Tröpfchen und schließlich eine Wolke. Werden die Tröpfchen zu schwer, fallen sie als Regen herunter.

Werden untere Luftschichten durch Reibung abgebremst, steigt die Luft darüber auf, kühlt ab und bildet Wolken.

Der Föhn bringt warme, trockene Luft und extrem gute Fernsicht.

Segelflieger müssen sich mit Winden gut auskennen!

Aus Druck wird Wind

Ob leichte Brise oder rauer Wind – wie kommt es, dass sich Luft bewegt? Verursacher sind ein Hoch- und ein Tiefdruckgebiet. Das bedeutet: Es gibt in einem Gebiet mit hohem Luftdruck mehr Luftteilchen als in einem Tiefdruckgebiet. Wenn sich die Luftteilchen aus einem Hoch in ein Tief bewegen, entsteht Wind. Je stärker die Luftdruckgegensätze sind, desto heftiger weht der Wind. In vielen Gegenden gibt es typische Winde, wie in den Alpen den Föhn.

Wie verheerend kann Wind sein?
➡ Seite 52/53
Wie funktioniert die Wetterkarte?
➡ Seite 54/55

Windstärken nach der Beaufort-Skala

Lies mal weiter!
Seite 50, 52, 64

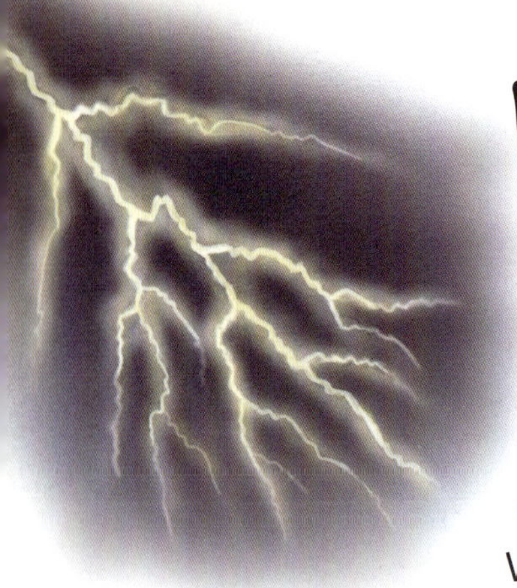

Regen, Schnee & Co.

Kaum zu glauben

Der Stromfunke eines Blitzes kann sogar Sand zum Schmelzen bringen.

Knack den Code!

9. Wie lautet ein anderes Wort für gefrorenen Tau?
(1. Buchstabe)

Regen, Schnee und Hagel fallen vom Himmel. Nebel, Tau oder Reif entstehen am Boden. All diese Niederschläge bestehen aus Wasser.

Der Wasserkreislauf

Das Wasser der Erde befindet sich in einem ewigen Kreislauf: Die Sonne erwärmt die Erde, Wasser verdunstet und steigt in die Atmosphäre. Dort kühlt es ab und kondensiert zu Tröpfchen. Je nach Temperatur bilden sich in den Wolken Regentropfen, Schneekristalle oder Hagelkörner, die über dem Meer oder Land wieder zur Erde fallen.

Achtung, Gewitter!

Bei Gewittern bildet sich eine starke elektrische Spannung: Sie entsteht durch die wild herumwirbelnden Teilchen in einer Gewitterwolke. Sie entlädt sich in Blitzen mit gigantischen Spannungen und Stromstärken. Blitze sind deshalb lebensgefährlich. Blitzableiter schützen unsere Häuser. Da ein Blitz die Luft in seiner Umgebung förmlich explodieren lässt, donnert es laut.

Blitz

Sommergewitter über einem Dorf

Hagel und Schnee

Hagel entsteht in sehr kalten Wolken. Bewegen sich gefrorene Regentropfen darin auf und ab, bleiben weitere Eisschichten an ihnen hängen. Wird das Hagelkorn zu schwer, fällt es zu Boden. Auch für Schneeflocken muss es kalt in der Wolke sein. Dann gefrieren die Wassertropfen zu Eiskristallen, die dann als Flocken herunterfallen.

Schnee besteht aus vielen einzelnen Eiskristallen.

Hagelkörner haben einen Durchmesser von 2 bis 50 mm, können aber auch eigroß sein.

Nebel, Tau und Reif

Nebel ist nichts anderes als Wasserdampf, der über dem Boden schwebt. Tau entsteht, wenn es nachts abkühlt. Dann kondensiert der Wasserdampf in der Luft und die Wassertropfen setzen sich zum Beispiel auf Gräsern ab. Gefrorenen Tau nennt man Reif.

Lies mal weiter!
Seite 48, 64, 68
www.expedition.wissen.de
Niederschlag

Vorsicht, Wirbelstürme!

Wo gibt es Tornados (braun)? Wo Hurrikane ☼?

Zu den gefährlichsten Unwettern zählen Wirbelstürme. Sie entstehen, wenn Luft durch stark aufsteigende Winde zu rotieren beginnt.

Tornados

Tornados sind wandernde Wirbelstürme. Der schlauchförmige Wirbel hat einen Durchmesser von wenigen Hundert Metern. Er kann bis zu 30 Kilometer weit wandern, dauert aber meist nur kurz. Die Windstärken eines Tornados sind allerdings enorm: Sie werden auf über 500, teilweise sogar 800 Kilometer in der Stunde geschätzt.

Verheerende Folgen

Der rotierende Luftschlauch eines Tornados wirkt wie ein riesiger Staubsauger. Er kann selbst Dächer und schwere Lastwagen hochheben! Tornados treten vor allem im Südosten Nordamerikas auf – dort gibt es sogar eine „Tornado-Straße".

Tornados erkennt man am „Rüssel", der mit Wassertropfen und aufgewirbeltem Staub gefüllt ist.

Die Fujita-Skala und die Schäden durch Tornados

F0: Leichter Schaden, unter 118 km pro Stunde, eingestürzte Kamine

F1: Mäßiger Schaden, 118 bis 180 km pro Stunde, Dachziegel werden abgehoben

F2: Starker Schaden, 181 bis 253 km pro Stunde, Dächer werden von den Häusern gerissen

F3: Verwüstender Schaden, 254 bis 332 km pro Stunde, Züge und Lkw werden umgeworfen

F4: Vernichtender Schaden, 333 bis 419 km pro Stunde, feste Gebäude stürzen ein

F5: Katastrophaler Schaden, 420 bis 512 km pro Stunde, Autos fliegen durch die Luft

Hurrikane

Hurrikane, auch Taifune oder Zyklone genannt, entstehen ausschließlich über tropischen Meeren, wo warme, feuchte Luft aufsteigt und große Gewitterwolken bildet. Zwischen den Wolken bauen sich Winde auf, die sich spiralförmig drehen. Ein Merkmal des Hurrikans ist sein „Auge“: eine windschwache, niederschlagsfreie und wolkenarme Zone von etwa 20 Kilometern Durchmesser im Wirbelzentrum.

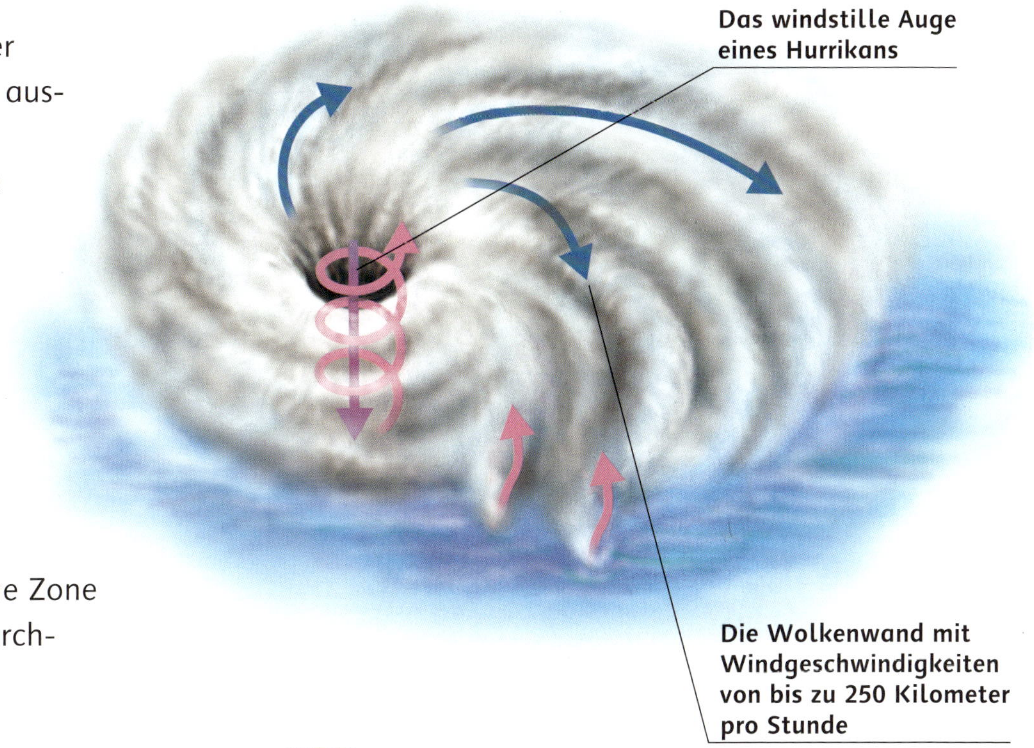

Toben bis zur Abkühlung

Hurrikane können über Wochen Tausende von Kilometern zurücklegen. Dabei hinterlassen sie eine Spur der Verwüstung: Bäume werden entwurzelt, Dächer abgedeckt, ganze Häuser stürzen ein. Und die enormen Niederschlagsmengen führen zu großen Überschwemmungen. Hurrikane lösen sich erst auf, wenn sie kälteres Wasser oder kühleres Land überqueren.

Wie wird die Stärke von Wind angegeben? ➡ Seite 48/49
Wie funktioniert der Kreislauf des Wassers? ➡ Seite 50/51

Lies mal weiter!
Seite 48, 54, 58
www.expedition.wissen.de
Wirbelsturm

Der Wetterbericht

Knack den Code!
10. Was misst man mit einem Barometer?
(3. Buchstabe)

Drei Dinge sind maßgeblich am Wetter beteiligt und bestimmen es: Sonne, Luft und Wasser! Wie geht das vor sich?

So entsteht Wetter

Die Sonne ist der Motor des Wetters. Durch die unterschiedlich starke Erwärmung der Luft entstehen verschiedene Luftdruckgebiete und damit Winde. Sie „transportieren" das Wetter von einem Ort zum anderen. Die Sonnenwärme lässt aber auch Wasser von Ozeanen, Seen und Flüssen verdunsten. Es bilden sich Wolken, aus denen es regnet oder schneit.

Die Wetterkarte für Deutschland, Österreich, Schweiz

H (Hoch)

T (Tief)

Kaltfront

Warmfront

Bewölkungsgrad

Windrichtung und -stärke

Regen

Gewitter

Sonnenschein

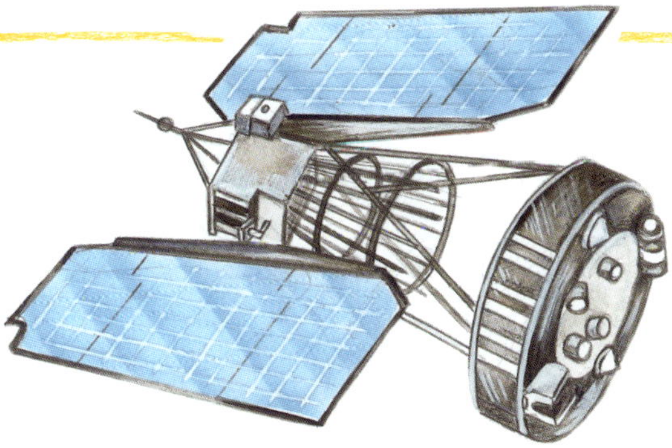

Satelliten im All ermitteln Daten zur Wolkenverteilung, Schnee- und Eisbedeckung.

Die Wetterkarte

Auf der Wetterkarte, wie wir sie jeden Tag in den Nachrichten sehen, kann man auf einen Blick erkennen, wie das Wetter ist oder sein wird – ob es zum Beispiel regnet oder die Sonne scheint. Da unser Wetter stark von den Hoch- und Tiefdruckgebieten bestimmt wird, findet man sie in jeder Wetterkarte: Hochs sind mit H und Tiefs mit T gekennzeichnet. Die Linien drum herum nennt man Isobaren. Die Zahlen an den Isobaren geben den jeweiligen Luftdruck an.

Mit dem Barometer misst man den Luftdruck.

Die Luftfeuchtigkeit wird mit einem Hygrometer gemessen

Wetterdaten sammeln

Um das Wetter vorhersagen zu können, brauchen die Meteorologen, wie man die Wetterforscher nennt, bestimmte Wetterwerte – wie zum Beispiel Temperatur, Luftdruck, Luftfeuchtigkeit, Windrichtung, Windgeschwindigkeit und Niederschlagsmenge. Gemessen werden die Werte in Wetterstationen mit verschiedenen Messinstrumenten. Aber auch Satelliten im Weltall überwachen das Wettergeschehen.

Thermometer zeigen die Temperatur an.

Kaum zu glauben

„Wirft der Maulwurf seine Hügel neu, währt der Winter bis zum Mai." Klingt lustig diese Bauernregel. Davon gibt es viele, aber wie verlässlich sind sie?

Lies mal weiter!
Seite 28, 50, 58
www.expedition.wissen.de
Wetter

Lebensräume der Erde

Auf der Erde gibt es ganz unterschiedliche Lebensräume, je nachdem auf welchem Kontinent und in welcher Klimazone man lebt. An den Polen ist es eisig kalt, in der Wüste Sahara sehr heiß. Beide Regionen bieten keine guten Lebensbedingungen für Menschen, Tiere und Pflanzen. Ganz anders ist das in den gemäßigten Klimazonen und in den inneren Tropen. Sie bieten ideale Lebensbedingungen.

Klimazonen

Nördliche Polarzone
Nördliche gemäßigte Zone
Tropengürtel
Südliche gemäßigte Zone
Südliche Polarzone

Während die Sonnenstrahlen am Äquator senkrecht auf die Erde auftreffen, fallen sie in den Polargebieten schräg ein. Deshalb ist die Sonnenwärme dort am geringsten. Zum Äquator hin nimmt sie immer mehr zu. Die Erdoberfläche teilt sich dadurch in nahezu ringförmige Klimazonen ein. Grob unterscheidet man die polaren Zonen, den Tropengürtel und die gemäßigten Zonen.

Die gemäßigten Zonen

In Europa leben wir in einer gemäßigten Zone. Da hier das ganze Jahr über Niederschläge fallen, gibt es ausreichend Wasser. Die gemäßigten Temperaturen, die meist zwischen 10 und 20 Grad Celsius und selten unter 0 Grad Celsius, schaffen ideale Lebensbedingungen für viele Tiere und Pflanzen – und auch für uns Menschen!

Die Polarzonen

In den Polargebieten herrscht Dauerfrost. Selbst im wärmsten Monat steigt die Temperatur nie über 10 Grad Celsius, aber sie kann unter minus 60 Grad Celsius fallen. Diesen harten Bedingungen können sich nur wenige Tiere und Pflanzen anpassen. Und dort leben auch nur wenige Menschen wie die Inuit.

Beispiele, was in jeder Klimazone wächst und wer dort lebt:

Nördliche Polarzone: einige Gräser; Eisbär, Polarfuchs, Walross

Nördliche gemäßigte Zone: Buchen- und Nadelwälder; Reh, Fuchs, Kuh

Tropengürtel: Regenwald, Sträucher in der Savanne; Löwe, Elefant, Giraffe

Südliche gemäßigte Zone: Eukalyptus, Akazien; Känguru, Emu, Koalabär

Südliche Polarzone: Flechten und Moose; Pinguin, Robbe

Polare Zone
- Dauerfrost, Temperaturen oft bei minus 60 °C
- wärmster Monat unter 10 °C
- geringe Niederschläge
- kaum Pflanzen, nur wenige Tiere wie Eisbär und Pinguin

Beide Pole sind von ewigem Eis bedeckt.

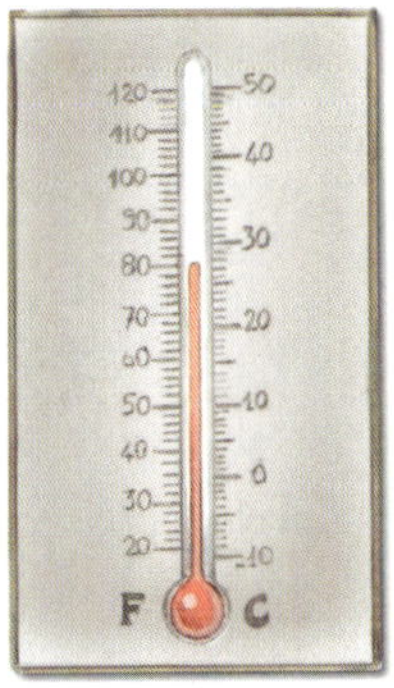

Kaum zu glauben

Die kälteste Temperatur wurde am 21. Juli 1983 in der Ostantarktis gemessen: minus 89,2 Grad Celsius!

Der Tropengürtel

In den inneren, immerfeuchten Tropen um den Äquator ist es sehr heiß. Die intensive Sonneneinstrahlung lässt das Wasser schnell verdunsten, dadurch regnet es viel. Hier wächst der Regenwald. In den äußeren Tropen regnet es weniger, sie liegen weiter weg vom Äquator. Hier gibt es Savannen und ganz am Rand die Wüsten.

Tropen
- Temperaturmittelwerte von über 20 °C
- in Wüsten extrem heiß und trocken, wenig Leben
- in Savannen Wechsel von Trocken- und Regenzeit
- in den inneren Tropen viel Regen: Regenwald

In den Wäldern unserer gemäßigten Zone leben Rehe, Füchse und viele Arten Vögel.

Gemäßigte Zone
- Temperaturmittelwerte meist zwischen 10 bis 20 °C
- nur selten unter 0°C
- Niederschläge zu allen Jahreszeiten
- idealer Lebensraum für viele Tiere, Pflanzen und den Menschen

Palmen liefern Nahrungsmittel wie Datteln und Kokosnüsse.

Wie entstehen die Jahreszeiten?
➡ Seite 28/29
In welchem Teil der Atmosphäre wird das Wetter „gemacht"?
➡ Seite 46/47

Lies mal weiter!
Seite 60, 62, 68

Savanne und Prärie

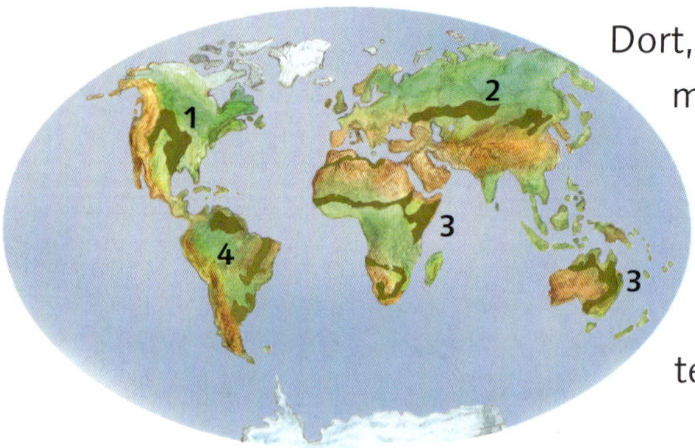

Die Prärien (1), Steppen (2), Savannen (3) und Pampas (4) der Erde

Dort, wo es für Bäume meist zu trocken ist, Gräser und kleine Büsche aber gut gedeihen, entstehen Graslandschaften. Wo liegen sie?

Weit verbreitet

Grasland findet man im trockenen Innern von Kontinenten und an den Rändern von Wüsten. Es ist über die ganze Welt verteilt. Die Graslandbereiche Europas und Asiens nennt man Steppen. In Südamerika heißen sie Pampas und in Nordamerika Prärien. Das Grasland in tropischen Regionen wie Afrika, Indien und Australien bezeichnet man als Savanne.

Idealer Lebensraum

Je nach Kontinent bevölkern unterschiedliche wilde Tierarten das Grasland. Die Prärien Nordamerikas sind die Heimat von Büffeln, Kojoten und Präriehunden. In der australischen Savanne leben Kängurus, Koalabären und Emus. Und die afrikanische Savanne ist Heimat vieler faszinierender Tiere – von Termiten und Antilopen über Elefanten und Giraffen bis zu Löwen. Forscher gehen davon aus, dass hier auch vor etwa 90 000 Jahren die Wiege der Menschheit lag.

Abenteuer pur im Serengeti-Nationalpark!

Schauen Sie sich die faszinierendsten Tiere der Welt nicht nur in Büchern und im Fernsehen an! Gehen Sie ganz nah ran: Beobachten Sie Kaffernbüffel und Giraffen an ihren Wasserlöchern. Hören Sie nachts das Brüllen der Löwen. Buchen Sie jetzt – und Sie werden eine unvergessliche Safaritour erleben!

In der Serengeti-Savanne leben neben Giraffen auch Zebras, Gnus und Gazellen, Elefanten, und Nashörner.

Große Rinderherden grasen in den Pampas Argentiniens.

Kornkammer und Viehzucht

Aber auch der Mensch nutzt das Grasland, da die Böden sehr fruchtbar sind. Die Prärien Nordamerikas gelten mit ihren riesigen Weizen- und Maisfeldern als Kornkammer, genauso wie die Graslandschaften in Argentinien und der Ukraine. Steppen sind auch ideal für die Viehzucht etwa von Schafen und Rindern. Da es aber auch zu langen Dürreperioden kommen kann, verdorrt manchmal auch die Ernte, und sogar das Vieh kann verdursten.

Wo ist es eisig kalt?
➡ Seite 68/69
Wie entwickelte sich der Mensch?
➡ Seite 12/13

Im Grasland, wie hier in den USA, werden auch riesige Felder mit Weizen oder Mais angebaut.

Lies mal weiter!
Seite 14, 50, 62
www.expedition.wissen.de
Savanne

Leben im Wald

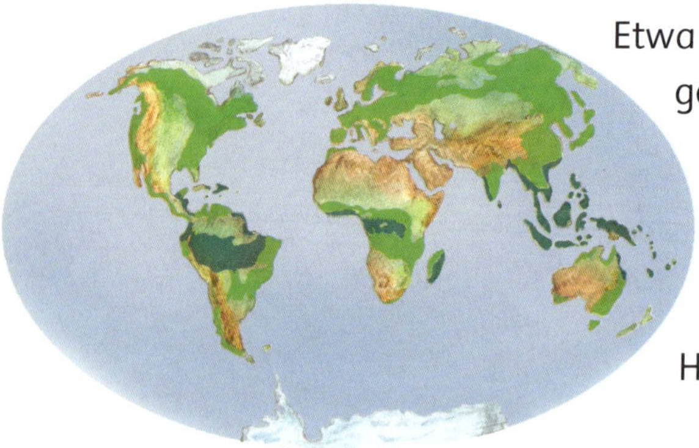

Wo gibt es Regenwälder (dunkelgrün), wo Laub- und Nadelwälder (hellgrün)?

Etwa ein Drittel der gesamten Landfläche der Erde ist mit Wäldern bedeckt. Vor 10 000 Jahren war es noch fast die Hälfte.

Viele Arten

Es gibt viele Arten von Wäldern: In den Tropen wachsen vor allem die dichten, immergrünen Regenwälder. Dort ist es sehr warm und es regnet fast jeden Tag.
Nadelbäume wie Tannen und Kiefern wachsen in den Gegenden mit langen Wintern. Nadelwälder sind die größten Wälder der Welt. Sie erstrecken sich über den gesamten Norden Asiens und Europas und es gibt sie auch in Kanada.
Laubwälder mit Buchen und Eichen finden wir in gemäßigten Klimaregionen wie bei uns.

Wälder sind wichtig

Wälder sind die Heimat vieler Tiere und Pflanzen. Sie liefern uns Holz, aus dem wir Möbel und Papier herstellen. Aus den Regenwäldern stammen Nahrungsmittel wie Kaffee, Kakao, Muskatnüsse und Pfeffer, und viele Regenwaldpflanzen werden auch zur Herstellung von Parfüms oder Arzneimitteln verwendet.

Im tropischen Regenwald wimmelt es von Tieren.

Laubbäume werfen im Winter alle Blätter ab, die meisten Nadelbäume behalten ihre Nadeln.

„Grüne Lunge“
Wälder bezeichnet man auch als die „grüne Lunge“ der Erde. Die Wälder sind für den Luftaustausch sehr wichtig. Sie wandeln durch Fotosynthese große Mengen an Kohlendioxid in Sauerstoff um, der wieder in die Atmosphäre gelangt: Luft zum Atmen. Der Waldbestand geht aber immer mehr zurück. Äußerst bedroht sind besonders die Regenwälder. Sie werden großflächig gerodet, zum Beispiel für den Gewinn von Holzmaterial oder um Weideland zu erschließen. Doch je weniger Wälder wir haben, umso mehr gefährden wir auch uns!

Knack den Code!

11. Wie heißt der Wald in den Tropen?
(1. Buchstabe)

In tropischen Regenwäldern gibt es unzählige Tier- und Pflanzenarten.

Lies mal weiter!
Seite 13, 60, 70
www.expedition.wissen.de
Regenwald

Feuchtgebiete

Wasser prägt Landschaften in ganz unterschiedlicher Weise: Bäche und Flüsse fließen talwärts, in Teichen und Seen spiegelt sich der Himmel und die Tümpel in den Mooren glitzern dunkel und geheimnisvoll.

Sobald das Moor entwässert wurde, kann der Torf „gestochen" werden.

Sümpfe und Moore

Der Boden von Sumpf- oder Moorlandschaften ist ständig von Wasser durchtränkt. Hier wachsen vorwiegend Gräser, Schilf, Binsen und Rohrkolben. Während im Sumpf abgestorbene Pflanzen völlig zersetzt werden, bleiben im Moor Reste zurück. Dieser Faulschlamm füllt allmählich die Wassermulden, sodass der feucht-schwammige Boden immer höher wächst und langsam zu Torf wird. Die Torfbildung ist der erste Schritt der Umwandlung von Pflanzen zu Kohle.

Eine Moorlandschaft mit typischen Pflanzen und Tieren

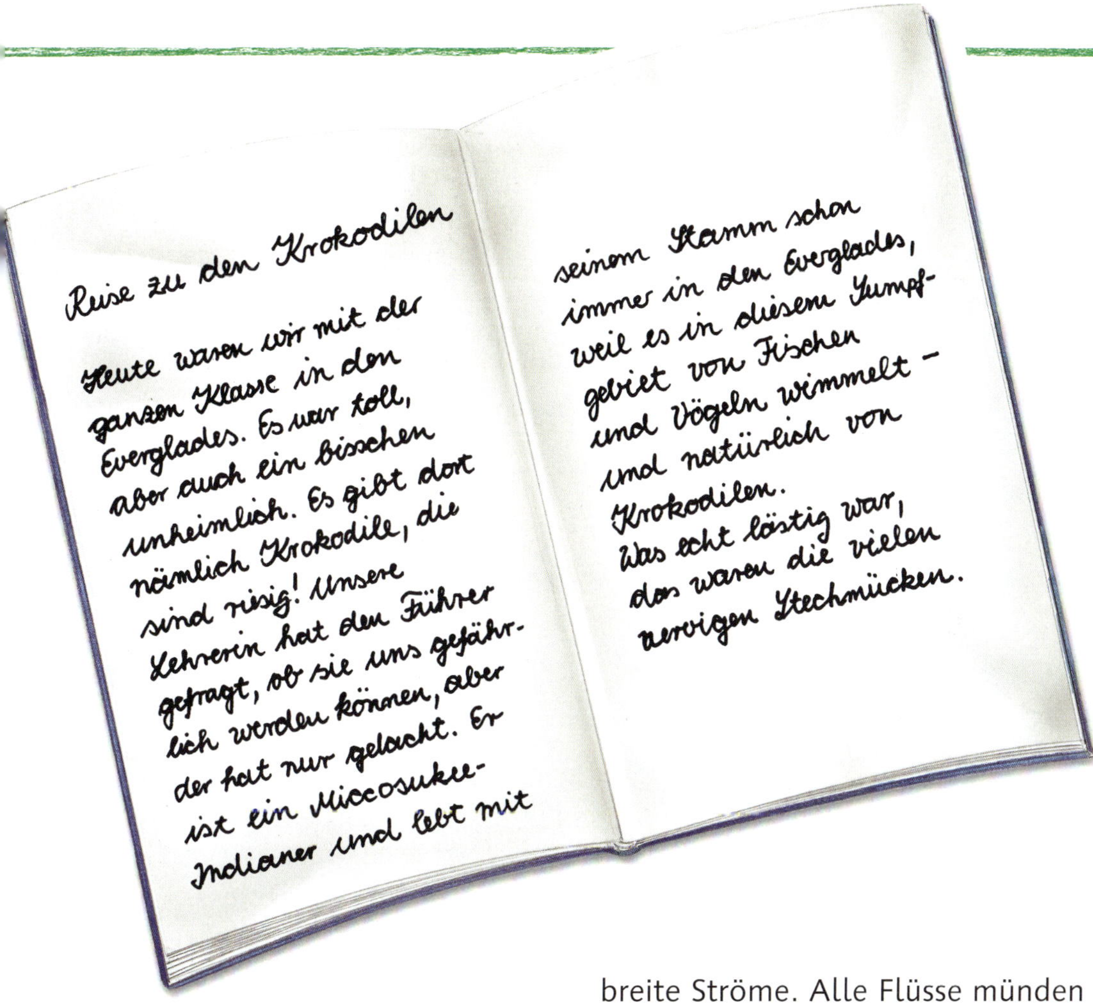

Am besten erkundet man die sumpfigen Everglades auf einem Propellerboot.

Das Donaudelta ist Heimat von mehr als 300 Vogelarten.

Ein wenig gruselig!

In einigen Mooren hat man Moorleichen gefunden. Die meisten dieser archäologischen Funde sind etwa 2500 Jahre alt. Viele von ihnen wurden wohl nach ihrem Tod im Moor bestattet. Da sie dort luftdicht abgeschlossen ruhten, wurden sie konserviert und sind deshalb sehr gut erhalten. Sie geben uns Auskunft zu Aussehen, Kleidung und Haartracht unserer Urahnen.

Flüsse und Deltas

Das Wasser eines Flusses stammt entweder aus Niederschlägen oder aus Quellen. Man unterscheidet der Größe nach kleine Bäche, Flüsse und breite Ströme. Alle Flüsse münden irgendwann in einen anderen Fluss, einen See oder ins Meer. Manchmal bringen schnell fließende Flüsse sehr viel Schlamm mit, der sich im Mündungsbereich ablagert. Der Fluss bahnt sich dann verschiedene Wege durch die Ablagerungen – ein Flussdelta entsteht. Zum Beispiel mündet die Donau, der zweitlängste Fluss Europas, in einem riesigen Delta an der rumänischen Küste in das Schwarze Meer.

In Feuchtgebieten wie in Florida leben gefährliche Krokodile.

Lies mal weiter!
Seite 44, 48, 52
www.expedition.wissen.de
Moorleiche

Küsten und Inseln

An den Küsten liegen viele bedeutende Städte mit großen Häfen, von wo aus Handel mit der ganzen Welt getrieben wird.

Flach, steil oder gebuchtet

Die schmale Grenze zwischen Festland und Meer nennt man Küste. Brandung, Gezeiten, Flussmündungen, das Steigen oder Sinken des Meeresspiegels, starke Winde sowie Sturmfluten verändern die Küsten ständig. Deshalb gibt es ganz unterschiedliche Küstenformen – zum Beispiel Flach- und Steilküsten, glatte und gerade verlaufende Küsten oder Küsten mit vielen Buchten.

Kliff und Watt

Kliffe wie auf Helgoland entstehen durch die Meeresbrandung an Steilküsten. Die Wellen unterspülen mit der Zeit das Steilufer. Es entstehen Hohlkehlen, und das darüberhängende Gestein bricht ab. Eine Kliffküste rückt somit immer weiter landeinwärts.

Watt ist der Boden aus Sand und Schlick, der bei Meeren mit Gezeiten während der Ebbe im Trockenen liegt. An der deutschen Nordseeküste ist das Wattenmeer zum Naturpark erklärt worden. Zahlreiche Vögel und Seehunde haben dort einen geschützten Lebensraum.

Korallenriffe entstehen, wenn sich Korallentierchen festsetzen und in die Höhe wachsen.

Deiche, Ufermauern und Wellenbrecher schützen die Küste vor Sturmfluten.

Wie Inseln entstehen

Inseln können sich durch das Ansteigen des Meeresspiegels bilden, wodurch küstennahe Gebirge überflutet werden. Einige Berggipfel ragen nun noch als Inseln über die Wasserfläche, etwa vor der Küste Norwegens. Aber auch wenn der Meeresspiegel sinkt, entstehen Inseln: Gebiete, die zuvor vom Meer bedeckt waren, ragen dann aus dem Wasser, so wie einige der Britischen Inseln. Und Vulkane im Meer, die langsam wachsen, bis sie über den Meeresspiegel ragen, bilden Vulkaninseln – wie La Palma.

Was entdeckte Darwin auf den Galapagos-Inseln? ➡ Seite 12/13
Was sind Sedimentgesteine? ➡ Seite 38/39

Die zehn größten Inseln der Welt:

Grönland (2,18 Millionen km²)
Neuguinea (828 800 km²)
Borneo (743 384 km²)
Madagaskar (587 042 km²)
Baffin-Insel (507 451 km²)
Sumatra (425 150 km²)
Honshu (230 988 km²)
Großbritannien (229 898 km²)
Victoria Island (217 290 km²)
Ellesmere-Insel (196 236 km²)

Halligen sind kleine, bei Sturmflut unter Wasser stehende Inseln im nordfriesischen Wattenmeer.

Lies mal weiter!
Seite 26, 38, 56

Polargebiete

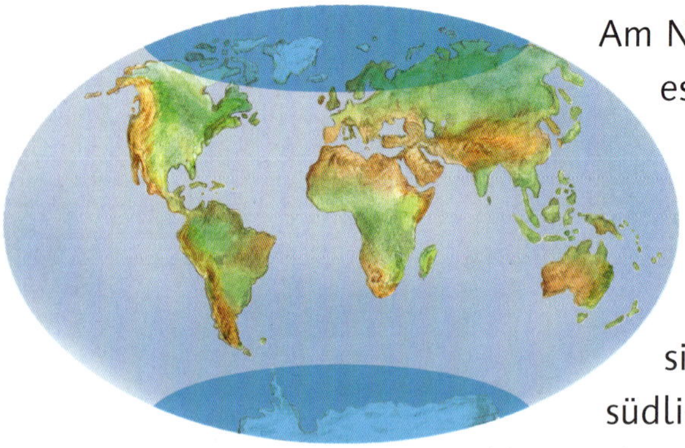

Die Arktis liegt im Norden, die Antarktis im Süden.

Am Nord- und Südpol ist es immer kalt. In der nördlichen Arktis können die Temperaturen bis zu minus 40 Grad Celsius sinken, in der südlichen Antarktis sogar bis zu minus 60 Grad Celsius.

Ein dicker Eispanzer

Die Antarktis ist von einem bis zu 4000 Meter dicken Eispanzer bedeckt. Rund 9,5 Prozent der Festlandoberfläche der Erde liegen unter einer Eisschicht, davon entfallen allein 86 Prozent auf die Antarktis.

Mächtige Gletscher

Wo es kalt ist, schmilzt der Schnee nicht und frisch gefallener Schnee legt sich Schicht für Schicht darüber. Dadurch wird der Druck so groß, dass die unteren Schichten zu Eis gepresst werden. Bei ständig steigendem Druck gleitet die unterste Schicht allmählich den Hang hinunter. Solch einen Strom aus Eis nennt man Gletscher.

Eisbären leben in der Arktis.

Eisberge

Wenn ein Gletscher das Meer erreicht, brechen Teile ab und schwimmen als Eisberge davon. Man sagt dazu: Der Gletscher kalbt. Die Eisberge sind oft gewaltig groß und ragen 90 bis 150 Meter aus dem Meer. Der größere Teil des Eisberges befindet sich aber unter Wasser. In der Arktis entstehen so spitze und unregelmäßig geformte Eisberge. Am Südpol sehen sie aus wie riesige Tafeln: die Tafeleisberge.

Cooles Wettrennen

Südpol/Antarktis, März 1912 – Der norwegische Polarforscher Roald Amundsen und sein Team sind die ersten Menschen am Südpol. Die Norweger erreichten, wie erst jetzt bekannt wurde, den Pol bereits am 14. Dezember 1911. Damit endete das 18 Monate dauende Wettrennen mit den britischen Forschern um Robert F. Scott. Amundsens Expedition war im Sommer 1910 mit dem Schiff „Fram“ gestartet. Mit an Bord waren 97 Schlittenhunde, die Bauteile für eine Hütte und Proviant für zwei Jahre.

Wettrennen in der Antarktis: Amundsen gewann mit 35 Tagen Vorsprung!

Knack den Code!

12. Wie nennt man das Abbrechen von Teilen eines Gletschers?
(2. Buchstabe)

Lies mal weiter!
Seite 30, 36, 42
www.expedition.wissen.de
Polarforschung

Extrem: die Wüsten

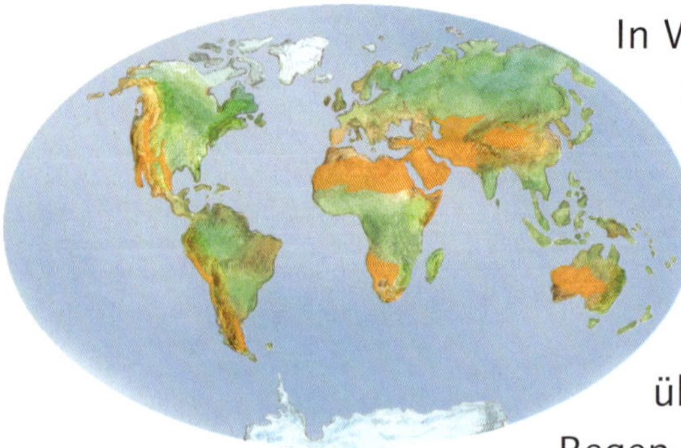

Fast ein Achtel des Festlandes sind Wüsten und wüstenähnliche Regionen (gelb).

In Wüsten ist es grundsätzlich sehr trocken. Es regnet weniger als 250 Millimeter im Jahr. Zum Vergleich: In München gehen über 1000 Millimeter Regen pro Jahr nieder. In manchen Wüsten regnet es viele Jahre überhaupt nicht.

Viele Gesichter

Nicht alle Wüsten sind sandig und haben große Dünen, die entstehen, wenn der Wind den Sand an Steine und Büsche weht. Es gibt auch Felswüsten und Geröllwüsten mit steinigem Boden. Meist ist es in Wüsten sehr heiß. Tagsüber steigt die Temperatur auf bis zu 55 Grad Celsius. Weil der ausgetrocknete Boden die Wärme aber schlechter speichert als Wasser, kühlt es nachts teilweise empfindlich ab, sogar bis unter den Gefrierpunkt.

Wüsten auf dem Vormarsch

Die Sahara ist die größte Wüste der Welt und bedeckt einen Großteil Nordafrikas. Weltweit sind bereits knapp 12 Prozent der Landfläche Wüsten – und durch die Klimaveränderungen sowie Brandrodung und Überweidung an den Rändern werden es immer mehr!

Der Stich eines Skorpions kann für ein Kind tödlich sein.

Die Sahara ist eine Sandwüste.

In Oasen wachsen Pflanzen wie Dattelpalmen und Orangenbäume.

Leben in der Wüste

Viele Wüstenbewohner sind Nomaden. Sie wandern auf der Suche nach Nahrung und Wasser von Ort zu Ort. Feste Siedlungen findet man nur in Oasen, wo es Wasser aus Quellen oder Flüssen gibt. Diese fruchtbaren „Inseln“ sind wichtig für Karawanen: Kaufleute, die mit Kamelen durch die Wüste ziehen.

Überlebenskünstler

Nur wenige Tiere und Pflanzen können in den trockenen Wüsten überleben. Kakteen speichern zum Beispiel das Wasser. Und Tiere wie der Wüstenfuchs schlafen tagsüber, wenn es heiß ist, und suchen erst in der kühlen Nacht nach Nahrung.

Kaum zu glauben

Kamele können schnell sehr viel Wasser auf Vorrat „tanken“: In zehn Minuten bis zu 100 Liter!

Nomaden

Knack den Code!

13. Welches ist die größte Wüste der Welt?
(3. Buchstabe)

Manchmal sieht man in der Wüste Dinge, die es gar nicht gibt. Das sind Luftspiegelungen, sie heißen Fata Morgana.

Lies mal weiter!
Seite 38, 56, 60
www.expedition.wissen.de
Wüste

Trage das richtige Lösungswort der Fragen von 1 bis 13 in die Kästchen auf der Schatzkarte ein.

Trage hier das richtige Lösungswort ein!
Die Zahlen unter den Kästchen zeigen an, von welcher Frage der Buchstabe stammt.

4	5	8	12	1	10	7	11	6	3	13	2	9

▶ Gewinnspiel siehe Seite 80

12
1
13
3
2
9
ZIEL

Rekorde der Erde

Die höchsten Berge:
Mount Everest, Nepal/Tibet 8846 m (höchster Berg der Welt)
Dufourspitze, Schweiz 4634 m (höchster Berg der Schweiz)
Großglockner, Österreich 3797 m (höchster Berg Österreichs)
Zugspitze, Deutschland 2962 m (höchster Berg Deutschlands)

Die 10 längsten Flüsse der Welt:

1. Nil, Afrika 6671 km
2. Amazonas, Südamerika 6518 km
3. Mississippi-Missouri, USA 6051 km
4. Ob-Irtysch, Russland 5567 km
5. Jangtsekiang, China 5470 km
6. Huangho (Gelber Fluss), China 4827 km
7. Kongo, Afrika 4377 km
8. Amur, Asien 4354 km
9. Lena, Russland 4264 km
10. Mackenzie-Peace River, Kanada 4063 km

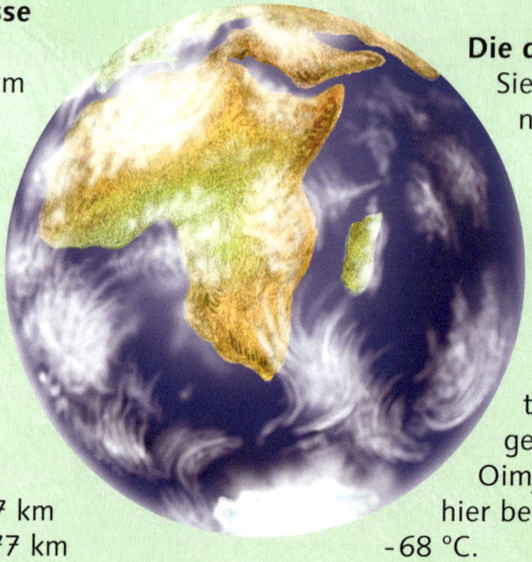

Die längsten Flüsse Europas (Auswahl):

1. Wolga, 3530 km
2. Donau, 2850 km (auf 350 km fließt sie durch Österreich, auf 647 km durch Deutschland)
3. Rhein, 1320 km (867 km verlaufen durch deutsches Gebiet, 375 km durch die Schweiz)

Feucht und nass:
Das größte Delta bilden der Ganges und der Brahmaputra in Bangladesch (ehemals Ostpakistan) und Westbengalen (Indien). Es erstreckt sich über ein Gebiet von 75 000 km^2.

Die 10 größten Seen der Welt:

1. Kaspisches Meer, Russland – Iran 393 898 km^2
2. Oberer See, USA-Kanada 82 414 km^2
3. Victoria-See, Tansania – Kenia – Uganda 69 485 km^2
4. Aral-See, Russland 68 682 km^2
5. Huron-See, USA-Kanada 59 596 km^2
6. Michigan-See, USA 58 016 km^2
7. Tanganjika-See, Zaire-Tanzania-Zambia-Burundi 32 893 km^2
8. Großer Bären-See, Kanada 31 792 km^2
9. Baikal-See, Russland 31 492 km^2
10. Großer Sklaven-See, Kanada 28 438 km^2

Die dickste Eisschicht der Erde:
Sie wurde 1975 von amerikanischen Antarktisforschern 400 km vor der Küste in Wilkes Land vom Flugzeug aus gemessen: Sie beträgt 4776 m!

Leben in Eiseskälte:
Kältester ständig bewohnter Ort: das 700 m hoch gelegene sibirische Dorf Oimjakon (4000 Einwohner) – hier betrug die Temperatur 1933 -68 °C.

Der kälteste Ort der Erde:
Am 21. Juli 1983 wurde in der Ostantarktis -89,2 °C gemessen!

Die windigste Region der Welt:
Die Commonwealth Bay in der Antarktis, hier können Stürme eine Geschwindigkeit von 320 km/h erreichen.

Windrekord in Deutschland:
Am 24. November 1984 erreichte ein Orkan über dem Brockengipfel im Harz Geschwindigkeiten von 263 km/h.

Der zerstörerischste Hurrikan:
Der Hurrikan Gilbert wütete vom 12. bis 19. September 1988 sowohl in der Karibik als auch in Mexiko und Texas (USA). Es wurden über 350 Menschen getötet und 750 000 Menschen obdachlos.

Internetadressen

Suchmaschinen
http://www.milkmoon.de/
http://www.blinde-kuh.de/
http://www.trampeltier.de/
http://www.helles-koepfchen.de/
http://www.kindercampus.de/clikks/

Wissen zu Erde und Universum
http://www.learnweb.de/weltall/start.htm
http://www.sternwarte-neumarkt.de/html/fur_kids.html
http://www.astro.goblack.de/
http://www.geoscience-online.de
http://www.geo.de/GEOlino/natur/51314.html
http://www.planeterde.de
http://astro.geo.tu-dresden.de/astro_source/sunsys.html
http://www.neunplaneten.de/
http://lexikon.astroinfo.org/stichworte/
http://www.quarks.de/themendossiers
http://www.astronomie.de/kinder/astrokids/index.html
http://www.die-erde.com/
http://www.astronomia.de/erde.htm

Museen im Internet
Verzeichnis sämtlicher Museen in Deutschland
http://www.deutsche-museen.de

Deutsches Technikmuseum Berlin
http://www.dtmb.de/index.html

Museum für Naturkunde zu Berlin (Kinderseite)
http://www.museum.hu-berlin.de/service/kinder/kinder.htm

Universum Science® Center Bremen
http://www.universum-bremen.de

Naturmuseum Senckenberg, Frankfurt am Main
http://www.senckenberg.de/root/index.php?page_id=24

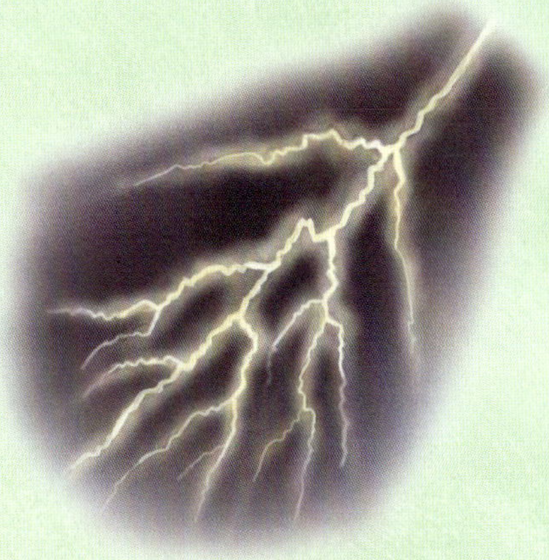

Staatliches Museum für Naturkunde in Karlsruhe
http://www.smnk.de/kinder/kinder.swf

Deutsches Museum in München
http://www.deutsches-museum.de

Phänomenta (interaktive Ausstellung an verschiedenen Orten in Deutschland)
http://www.phaenomenta.de

Technorama in Winterthur (Schweiz)
http://www.technorama.ch/

Worterklärungen

Antarktis Das Gebiet rund um den Südpol, hier leben nur Wissenschaftler, die das Gebiet erforschen.

Äquator Eine gedachte Linie, die sich in der Mitte zwischen Nord- und Südpol um die Erde zieht

Arktis Das Gebiet rund um den Nordpol, hier leben die Inuit („Eskimos")

Atmosphäre Eine Hülle aus Gas, die einen Planeten oder Mond umgibt

Barometer Messgerät zur Bestimmung des Luftdrucks

Beaufort-Skala Sie gibt die Windgeschwindigkeit und -stärke an; die Werte reichen von 0 (Windstille) bis 12 (Orkan).

Delta Ein fächerförmig aufgeteilter Flusslauf an der Mündung, durch angeschwemmte Sedimente verursacht

Epizentrum Zentrum eines Erdbebens

Erdbeben Plötzliche Bewegungen in der Erdkruste, die zu starken Erschütterungen auf der Erde führen

Erde Der einzige bekannte bewohnte Planet im Sonnensystem; die Erde besteht aus der Erdkruste (äußerste Schicht der Erde), dem Erdmantel (Zone des Erdinneren zwischen Kruste und Kern) und dem Erdkern (fester Erdmittelpunkt).

Erosion Abtragung der Oberfläche der Erde durch Wind, Eis oder Wasser

Erz Metallhaltiges Gestein

Exosphäre Die äußerste Schicht der Erdatmosphäre

Fata Morgana Optische Täuschung, die durch Lichtbrechung an unterschiedlichen Luftschichten entsteht

Feuchtgebiet Gebiet, in dem Sümpfe, Moore und Feuchtwiesen vorherrschen; bekannte Feuchtgebiete sind z. B. die Everglades in Florida und das Wattenmeer.

Fujita-Skala Sie gibt die Stärken von Tornados an, die üblichen Messwerte reichen von F0 (leichte Schäden) bis F5 (katastrophale Zerstörungen).

Galaxie Eine riesige Ansammlung von Sternen, Planeten, Staub und leuchtendem Gas

Gebirge Eine Kette von Bergen, die durch Verschiebung von Kontinentalplatten erzeugt wird

Gemäßigte Zone Eine Klimazone mit milden Sommern und kühlen Wintern.

Gezeiten Der Abwechslung von Ebbe (Niedrigwasser) und Flut (Hochwasser) auf den großen Meeren der Erde, verursacht durch die Gravitation des Mondes und der Sonne

Gletscher Eine sehr große Eismasse, die sich langsam bergab bewegt

Gondwana Ein großer Kontinent im Süden, der aus Südamerika, Afrika, Indien, Australien und Antarktika bestand

Gravitation Gegenseitige Anziehung von Massen; Gravitation bestimmt die Bahn der Planeten um die Sonne.

Hagel Niederschlag aus Eisklumpen

Hurrikan Gewaltiger Tropensturm mit Windgeschwindigkeiten von bis zu 250 Kilometer pro Stunde

Hygrometer Messinstrument zur Bestimmung der Luftfeuchtigkeit

Jahreszeiten Zeitabschnitte im Jahr mit einem bestimmten Klima

Klimazone Das durchschnittliche Wetter in einem Gebiet

Komet Kleiner Himmelskörper mit einem auffälligen Schweif, der von der Erde aus sichtbar ist und eine Länge von mehreren Millionen Kilometern erreichen kann

Kompass Messgerät zur Bestimmung der Himmelsrichtungen

Kondensation Umwandlung einer Substanz vom gasförmigen in den flüssigen Zustand, z. B. kondensiert Wasserdampf zu Wassertropfen.

Kontinentalverschiebung Bewegung, Zusammenprall und Aufspaltung von Kontinenten

Laurasia Ein großer Kontinent im Norden, der vor 200 Mio. Jahren aus Nordamerika, Europa und einem Teil von Asien bestand

Lava Rot glühendes und geschmolzenes Gestein, das beim Vulkanausbruch die Erdoberfläche erreicht

Magma Geschmolzenes Gestein in Erdkruste und -mantel, das bei einem Vulkanausbruch nach oben gedrückt wird

Mesosphäre Die mittlere der fünf Schichten der Erdatmosphäre

Mesozoikum Erdmittelalter. Es umfasst die Perioden Trias, Jura und Kreide, begann vor 250 Mio. Jahren und endete vor 65 Mio. Jahren.

Meteor Ein verglühender Gesteinsbrocken in der Erdatmosphäre, der eine Leuchtspur erzeugt

Meteorit Gesteinsbrocken aus dem Weltraum, der die Erdoberfläche erreicht

Meteorologie Wissenschaft von Klima und Wetter

Milchstraße Bezeichnung für die Galaxie, in der sich die Sonne befindet. Sie ist als breiter heller Gürtel am Nachthimmel zu sehen.

Mond Himmelskörper, der sich um einen Planeten bewegt

Nebel Wolke über dem Boden, die entsteht, wenn Wasserdampf über dem Boden kondensiert

Neozoikum Erdneuzeit. Sie umfasst die Perioden Tertiär und Quartär und begann vor 65 Mio. Jahren.

Oase Ein fruchtbarer Ort in einer Wüste, meist an einer Quelle oder Wasserstelle gelegen

Ozonloch Abbau der Ozonschicht vor allem über den Polarregionen. Der Abbau hat negative Folgen für die Menschen und die Umwelt, da die gefährliche UV-Strahlung nicht mehr voll von der Ozonschicht aufgenommen wird.

Paläozoikum Erdaltertum. Es umfasst vom Kambrium bis zum Perm insgesamt sechs Perioden (vor 570 bis 250 Mio. Jahren).

Pangäa Urkontinent. Er vereinigte die heutigen Erdteile in sich.

Planet Ein runder Himmelskörper, der einen Stern umkreist und Licht reflektiert

Polare Zone Region der Erde innerhalb der Polargebiete mit kaltem Klima, Schnee und Eis. Der nördliche Polarkreis umfasst die Arktis, der südliche die Antarktis.

Richterskala Skala, mit der die Erdbebenstärke gemessen wird. Sie reicht von der Stärke 0 (nur mit Messgeräten nachweisbar) bis 9 und darüber (große Katastrophe, bisher noch nicht beobachtet).

Satellit Ein Objekt im Weltall, das einen Planeten oder Stern umrundet; künstliche Satelliten sind die Wetter- und TV-Satelliten, der Mond ist der einzige natürliche Satellit der Erde.

Schichtvulkan Wenn abwechselnd Asche und zähflüssiges Magma aus der Erde austreten, bilden die Lavaströme einen steilen Kegel, den Schichtvulkan.

Schildvulkan Wenn sich der Lavastrom beim Ausbruch des Vulkans verteilt, bilden sich Schildvulkane – das sind flache Kuppeln mit meist mehreren Kratern.

Sediment Sand, Kies und Schlamm, die von Eis, Wind oder Wasser abgelagert worden sind

Seismograf Gerät zur Aufzeichnung von Erschütterungen bei Erdbeben

Smog Luftverschmutzung besonders in Großstädten, giftiges Gemisch aus Rauch und Nebel

Sonnensystem Im Mittelpunkt befindet sich die Sonne, um sie herum kreisen die acht Planeten und weitere Himmelskörper.

Stern Himmelskörper, der aus eigener Kraft leuchten kann

Stratosphäre Schicht der Erdatmosphäre zwischen Troposphäre und Mesosphäre

Teleskop Leistungsstarkes Fernrohr

Thermik Aufsteigende warme Luftströmung

Thermometer Messgerät zur Erfassung der Temperatur

Thermosphäre Schicht der Erdatmosphäre zwischen Mesosphäre und Exosphäre

Treibhauseffekt Unnatürliche Erwärmung der Erdatmosphäre durch Treibhausgase in der Atmosphäre. Inzwischen sind Treibhausgase in Spraydosen verboten.

Tropengürtel Klimazone mit heißem Klima und Phasen starken Regens

Troposphäre Unterste Schicht der Erdatmosphäre zwischen Erdboden und Stratosphäre, ungefähr 13 km dick

Urknall Der Anfang von Materie und Raum durch eine gewaltige Explosion

Vulkan Stelle, an der heißes und flüssiges Gestein durch die Erdkruste austritt

Wasserkreislauf Durch die Wärme der Sonne verdunstet Feuchtigkeit aus Meeren, Flüssen und Seen. Dabei entsteht Wasserdampf. Er steigt auf, kondensiert zu Wolken und kommt schließlich als Niederschlag auf die Erde.

Wetterstation Beobachtungsstation, in der das örtliche Wetter aufgezeichnet wird. Die Daten werden in einer Zentrale für die Wettervorhersage ausgewertet.

Wirbelsturm Eine sich schnell drehende Luftsäule über Land oder Wasser

Wüste Ein Gebiet der Erde, in dem im Jahr weniger als 250 mm Regen fallen

Zwergplanet Himmelskörper im Sonnensystem, auf deren Umlaufbahn jedoch weitere Objekte zu finden sind.

Register

Bildnachweis

Fotos:
© Johnér/F1 Online: Umschlagvorderseite (Bildleiste Mitte), Seite 29 (oben)
© Wolf/F1 Online: Seite 29 (Bildleiste 2., 3., 4. Foto)
© Prisma/F1 Online: Seite 49 (oben
© Roger Ressmeyer/Corbis: Seite 16 (Hintergrundfoto)
© Philip Gendreau/Corbis: Seite 27
© Corbis: Seite 18 (Mitte), 61 (oben)
Sabine Zürn: Seite 19
stock.xchng: Seite 38 (oben und Mitte), Seite 39 (Bildleiste 2., 3., 4. Foto), Seite 40 (Mitte), Seite 61 (unten)
M. Misar/adpic Bildagentur: Seite 38 (unten)
Pixelquelle: Seite 51 (Mitte)
DIGITALstock: Seite 59 (oben), 62, 66, 67 (unten)
Juniors Bildarchiv: Seite 60 (unten)
Andriy Durygin: Seite 65 (oben)
Wikipedia: Seite 15, 35, 36, 39 (Bildleiste oben), 40 (unten), 41, 51 (oben), 65 (Mitte)

Illustrationen:
Lorenzo Orlandi: Seite 23 (oben)
Thomas Thiemeyer: Seite 28/29 (unten), 37
Costa Giampietro: Seite 36
Betti Ferrero: Seite 56/57, 63, 68/69

Bibliografische Information Der Deutschen Bibliothek

Die Deutsche Bibliothek verzeichnet diese Publikation in der Deutschen Nationalbibliografie; detaillierte bibliografische Daten sind im Internet über **http://dnb.ddb.de** abrufbar.

4 3 2 1 10 09 08 07

Postfach 1860 D-88188 Ravensburg

Text: Manfred Schwarz
Illustrationen: Anna-Luisa und Marina Durante, Charlotte Wagner
Redaktion: Karin Baege
Umschlagkonzeption: Dirk Lieb
Typografie und Satz: Adam Koller
Printed in Germany
ISBN 978-3-473-55156-9

www.ravensburger.de

Schicke uns eine Karte mit dem richtigen Lösungswort oder eine E-Mail.
Wir verlosen jeden Monat 10 Buchpakete unter den Einsendern!

Gewinnspiel-Adresse:
Ravensburger Buchverlag
Otto Maier GmbH
Kennwort ‚Expedition Wissen'
Postfach 2007
88190 Ravensburg
Deutschland

Mailadresse:
buchgewinnspiel@ravensburger.de,
im Betreff Kennwort ‚Expedition Wissen'

Du kannst auch **online** am Gewinnspiel teilnehmen! Trage das Lösungswort ein unter der Rubrik „Knack den Code" auf der Seite **www.expedition.wissen.de**.

Viel Glück!